微生物生长与发酵工程研究

徐 艳 著

吉林科学技术出版社

图书在版编目（CIP）数据

微生物生长与发酵工程研究 / 徐艳著 . -- 长春 ：
吉林科学技术出版社，2024. 6. -- ISBN 978-7-5744
-1427-3

Ⅰ . TQ92

中国国家版本馆 CIP 数据核字第 2024QM5654 号

微生物生长与发酵工程研究

著	徐 艳	
出 版 人	宛 霞	
责任编辑	靳雅帅	
封面设计	树人教育	
制 版	树人教育	
幅面尺寸	185mm×260mm	
开 本	16	
字 数	260 千字	
印 张	12	
印 数	1~1500 册	
版 次	2024年6月第1版	
印 次	2024年12月第1次印刷	

出 版　吉林科学技术出版社
发 行　吉林科学技术出版社
地 址　长春市福祉大路5788 号出版大厦A 座
邮 编　130118
发行部电话/传真　0431-81629529 81629530 81629531
　　　　　　　　　81629532 81629533 81629534
储运部电话　0431-86059116
编辑部电话　0431-81629510
印 刷　三河市嵩川印刷有限公司

书 号　ISBN 978-7-5744-1427-3
定 价　71.00元

前　言

发酵工程通常又称之为微生物工程，是利用微生物的生长和代谢活动，再通过现代化工技术来生产各种有用物质的一种技术。发酵工程范畴伴随现代生物技术不断升级并进一步扩大和延伸。20 世纪 70 年代以来，它已与基因重组、蛋白质工程以及细胞融合等新方法进行了紧密结合，已经发展成为现代微生物发酵工程。微生物发酵和工程技术的巧妙结合广泛涉及在环境保护、医药工业、食品加工生产等众多领域。

本书从微生物理论入手，介绍了微生物营养与代谢、微生物生长繁殖与环境以及微生物生态，并详细分析了微生物在食品生产中的应用、微生物在药物与保健品中的应用，接着深入探讨了微生物发酵工艺应用等内容。

在编写过程中，本书参考了有关专著和文献，在此向相关作者致以敬意和感激，也感谢编者所在单位的领导和同事对本书编写工作提供了大量的无私帮助和支持。由于编者水平有限，书稿难免存在一定的不足与缺陷，希望广大读者多提宝贵意见，以便我们不断改进和完善。

目 录

第一章　微生物理论

第一节　微生物概述

一、微生物及其种类

人们常说的微生物（microorganism，microbe）一词，是对所有形体微小、单细胞或个体结构较为简单的多细胞，甚至无细胞结构的低等生物的总称，或简单地说是对人们肉眼看不见的细小生物的总称，是指显微镜下才可见的生物，它不是一个分类学上的名词。但其中也有少数是肉眼可见的，例如近年来发现有的细菌是肉眼可见的。1993年正式确定为细菌的 Epulopiscium fishelsoni 以及1998年报道的 Thiomargarite a namibiensis 均为肉眼可见的细菌。所以上述微生物学的定义是指一般的概念，是历史的沿革，但仍为今天所用。

实际上，在分子生物学技术和方法飞速发展的今天，新的形式、新的种属的微生物正在以不断加速的趋势出现。

二、微生物学及其研究内容

微生物学（microbiology）是研究微生物及其生命活动规律的科学。它主要研究微生物在一定条件下的形态结构、生理生化、遗传变异以及微生物的进化、分类、生态等生命活动规律；微生物与微生物之间、微生物与动植物之间、微生物与外界环境理化因素之间的相互关系；微生物在自然界各种元素的生物地球化学循环中的作用；微生物在工业、农业、医疗卫生、环境保护、食品生产等各个领域中的应用，等等。实际上，微生物学除了相应的理论体系外，还包括有别于动植物研究的微生物学研究技术。综上所述，微生物学是一门既有独特的理论体系，又有很强实践性的学科。

三、微生物学的分支学科

随着微生物学的不断发展，其已形成了基础微生物学和应用微生物学，两者根据研究的侧重面和层次不同又可分为许多不同的分支学科，同时在不断地形成新的学科和研究领域。按研究对象，微生物学可分为细菌学、放线菌学、真菌学、病毒学、原生动物学、藻类学等；按过程与功能，可分为微生物生理学、微生物分类学、微生物遗传学、微生物生态学、微生物分子生物学、微生物基因组学、细胞微生物学等；按生态环境，可分为土壤微生物学、环境微生物学、水域微生物学、海洋微生物学、宇宙微生物学等；按技术与工艺，可分为发酵微生物学、分析微生物学、遗传工程学、微生物技术学等；按应用范围，可分为工业微生物学、农业微生物学、医学微生物学、兽医微生物学、食品微生物学、预防微生物学等；按与人类疾病关系，可分为流行病学、医学微生物学、免疫学等。随着现代理论和技术的发展，新的微生物学分支学科正在不断形成和建立。

细胞微生物学、微生物分子生物学和微生物基因组学等在分子水平、基因水平和后基因组水平上研究微生物生命活动规律及其生命本质的分支学科和新型研究领域的出现，表明微生物学的发展进入了一个崭新的阶段。

四、微生物学发展简史

（一）史前时期人类对微生物的认识与利用

在 17 世纪下半叶，荷兰学者列文虎克（Ancony van Leeuwenhoek）用自制的简易显微镜观察到细菌个体之前，对于一门学科来说尚未形成。这个时期被称为微生物学史前时期。

在这个时期，人们在生产与日常生活中已经积累了很多关于微生物对人类有用的经验，并且应用这些经验创造财富，减少和消灭病害。如中国民间早已广泛应用的微生物技术酿酒、制醇、发面、腌制酸菜泡菜、盐渍蜜饯，等等。古埃及人也早已掌握制作面包和配制果酒技术。这些都说明人类已经自发地学会在食品工艺中控制和利用微生物活动的规律。积肥、沤粪、翻土压青、豆类作物与其他作物的间作轮作，是人类在农业生产实践中控制和利用微生物生命活动规律的生产技术。利用种痘预防天花是人类控制和应用微生物生命活动规律在预防疾病保护健康方面的宝贵实践。尽管当时这些还没有上升为微生物学理论，但都是控制和利用微生物生命活动规律的实践活动。

（二）微生物形态学发展阶段

17世纪80年代，列文虎克用他自己制造的可放大 160 倍的显微镜观察牙垢、雨水、井水以及各种有机质的浸出液时，发现了许多可以活动的"活的小动物"，并发表了这一"自然界的秘密"。这是首次对微生物形态和个体的观察和记载。随后，其他研究者也凭借显微镜对其他许多微生物类群进行了观察和记载，扩大了人类对微生物类群形态的视野。但是在此后相当长的一段时间内，人们对于微生物作用的规律仍一无所知。这个时期也称为微生物学的创始时期。

（三）微生物生理学发展阶段

19世纪60年代初，法国的巴斯德（Louis Pasteur）和德国的柯赫（Robert Koch）等一批杰出的科学家建立了一套独特的微生物研究方法，对微生物的生命活动及其对人类实践和自然界的作用做了初步研究，同时建立起许多微生物学分支学科，尤其是建立了能够解决当时实际问题的几门重要应用微生物学科，如医用细菌学、植物病理学、酿造学、土壤微生物学等。

在这个时期，巴斯德不仅研究了酒变酸的微生物原理，探索了蚕病、牛羊炭疽病、鸡霍乱和人狂犬病等传染病的病因以及有机质腐败和酿酒失败的起因，否定了生命起源的"自然发生说"，同时建立了巴氏消毒法等一系列微生物学实验技术。柯赫在继巴斯德之后，改进了固体培养基的配方，发明了倾皿法进行纯种分离，建立了细菌细胞的染色技术、显微摄影技术和悬滴培养法，寻找并确认了炭疽病、结核病和霍乱病等一系列严重传染疾病的病原体，提出了Koch法则。这些成就奠定了微生物学成为一门科学的基础，他们是微生物学的奠基人。

在这一时期，英国学者布赫纳（Buchner）在1897年研究了磨碎酵母菌的发酵作用，把酵母菌的生命活动和酶化学联系起来，推动了微生物生理学的发展。同时，其他学者，例如俄国学者伊万诺夫斯基（Ivanovski）首先发现了烟草花叶病毒（Tobacco mosaic virus，TMV），扩大了微生物的类群范围。

（四）微生物分子生物学发展阶段

20世纪初至40年代末，微生物学开始进入酶学和生物化学研究时期，许多酶、辅酶、抗生素以及生物化学和生物遗传学都是在这一时期发现和创立的，而且在40年代末形成了一门研究微生物基本生命活动规律的综合学科——普通微生物学。

50年代初，随着电镜技术和其他现代技术的出现，对微生物的研究进入到分子生物学的水平。1953年沃森（J.D.Watson）和克里克（F.H.Crick）发现了细菌染色体脱氧核糖核酸链的双螺旋构造。1961年雅可布（F.Jacab）和莫诺（J.Monod）提出了操纵子学说，指出了基因表达的调节机制和其局部变化与基因突变之间的关系，阐明了遗传信息的传递与表达的关系。

1977年，C.Woese等在分析原核生物16S rRNA和真核生物18S rRNA序列的基础上，提出了可将自然界的生命分为细菌、古菌和真核生物三域（domain），揭示了各生物之间的系统发育关系，使微生物学进入成熟时期。

就基础研究来讲，在这个成熟时期，从以下三大方面深入到分子水平来研究微生物的生命活动规律。

1. 研究微生物大分子的结构和功能，即研究核酸、蛋白质、生物合成、信息传递、膜结构与功能等。

2. 从基因和分子水平方面研究不同生理类型微生物的各种代谢途径和调控、能量产生和转换，以及严格厌氧和其他极端条件下的代谢活动等。

3. 在分子水平上研究微生物的形态构建和分化，病毒的装配以及微生物的进化、分类和鉴定等，在基因和分子水平上揭示微生物的系统发育关系。尤其是近年来，应用现代分子生物技术手段，将具有某种特殊功能的基因做出了组成序列图谱，以大肠杆菌等细菌细胞为工具和对象进行了各种各样的基因转移、克隆等开拓性研究。在应用方面，开发菌种资源、发酵原料和代谢产物，利用代谢调控机制和固定化细胞、固定化酶发展发酵生产和提高发酵经济的效益，应用遗传工程组建具有特殊功能的"工程菌"，把研究微生物的各种方法和手段应用于动植物和人类研究的某些领域。这些进步使微生物学研究进入一个崭新的阶段。

五、当代微生物学的发展趋势

纵观当代微生物学的发展趋势，一方面是由于分子生物学新技术不断出现，使得微生物学研究得以迅速向纵深发展，从细胞水平、酶学水平逐渐进入基因水平、分子水平和后基因组水平；另一方面是大大拓宽了微生物学的宏观研究领域，与其他生命科学和技术、其他学科相交叉，综合形成了许多新的学科发展点甚至孕育出了新的分支学科。近二三十年来，微生物学研究中分子生物技术与方法的运用，已使微生物学迅速丰富了新理论、新发现、新技术和新成果。C.Woese 于 1977 年提出并建立了细菌（bacteria）、古菌（archaea）和真核生物（eucarya）并列的生命三域的理论，揭示了古菌在生物系统发育中的地位，并创立了利用分子生物学原理在分子和基因水平上进行分类鉴定的理论与技术。而到如今，微生物细胞结构与功能、生理生化与遗传学研究的结合，已经进入到基因和分子水平，即在基因和分子水平上研究微生物分化的基因调控，分子信号物质及其作用机制，生物大分子物质装配成细胞器过程的基因调控，催化各种生理生化反应的酶的基因及其组成、表达和调控，等等。阐明了蛋白质的生物合成机制，建立了酶生物合成和活性调节模式，探查了许多核酸序列，构建了400 多种微生物的基因核酸序列图谱。DNA 重组技术的出现为构建具有特殊功能的基因工程菌提供了令人兴奋的成果和良好的前景，并且已实现了利用微生物基因工程大量生产人工胰岛素、干扰素、生长素及其他贵重和急需的药物，正在形成一个崭新的生物技术产业。目前有许多研究者利用 DNA 重组技术来改良和创建微生物新品种。

微生物生态学的研究，不仅拓宽了原有的土壤、污水、水域、地矿等环境，还进入了宇宙空间和深入到微生物赖以生存的微环境，而且让人们进一步地关注极端环境下的微生物生命活动，阐明了这些极端环境微生物具备而其他生物所没有的性状，形成了一个生命科学中的崭新领域，为生命的起源、进化和系统发育的探索和阐明提供了大量有价值的证据，同时极大地丰富了自然界微生物种的多样性。微生物作为环境污染物的"清道夫"和污染受损环境的生物修复者，它们对于部分污染物，尤其是含芳香环类的难降解物的分解和降解，也已从质粒、降解酶基因水平上被阐明。

微生物学的研究将日益重视微生物特有的生命现象。如极端环境中的生存能力、特异的代谢途径和功能，化能营养、厌氧生活、生物固氮、不产氧光合作用等，这些生命过程中物质和能量运动基本规律的阐明将会给人们展示一个诱人的应用价值前景。微生物具有独特和高效的生物转化能力，并能产生多种多样的有用的代谢产物，这将为人类的生存和社会的发展进步创造难以估量的理论与物质财富。因此发展和促进微生物技术的应用即微生物产业化，如微生物疫苗、微生物药品制剂、微生物食品、微生物保健品、可降解性微生物制品等，将是世界性的生物科学热点，其正得到极大的发展。

根据 21 世纪生命科学的发展趋势和研究热点，目前已对少数微生物构建遗传物理图谱的基础上，将会全面展开微生物基因组学和后基因组学的研究。微生物基因组学的研究必将明显地促进生物信息学的发展和包括比较生物学、分子进化学和分子生态学在内的生物学研究新时代的到来。对具有某种意义的微生物种、菌株进行全基因组的序列分析、功能分析和比较分析，明确其结构、表型、功能和进化等之间的相互关系，阐明微生物与微生物之间、微生物与其他生物之间、微生物与环境因素之间相互作用的分子机理及其控制的基因机制，将会极大地发展微生物分子生态学、环境微生物学、细胞微生物学、微生物资源学、微生物系统发育学等各个新兴学科。

微生物学的研究技术和方法也将会在吸收其他学科先进技术的基础上，逐步向自动化、计算机化、定向化和定量化发展。微生物信息学正在迅速孕育发展中，技术上的重大突破使微生物学获得前所未有的高速发展，并开辟崭新的研究领域，进入新的研究深度，为改造微生物提供强有力的手段，从而使得在分子水平上设计、改造和创建新的微生物物种成为可能。微生物基因工程的应用范围可以扩大到食品、化工、环保、采矿、冶炼、材料、能源等众多领域，因而具有诱人的开发前景，每一项都是前无古人的崭新工作。

21 世纪是生命科学的世纪，生命科学中最活跃的微生物学无疑将有极大的突破性发展，对于推动人类文明的发展进步和人类的可持续生存与发展具有重要影响。

第二节　微生物多样性

微生物作为生物，具有一切生物的共同点：①绝大部分微生物的遗传信息是由 DNA 链上的基因所携带，除少数特例外，其复制、表达与调控都遵循中心法则；②微生物的初级代谢途径如蛋白质、核酸、多糖、脂肪酸等大分子物质的合成途径基本相同；③微生物的能量代谢都以 ATP 作为能量载体。

微生物作为生物的一大类，除了与其他生物共有的特点外，还具有其本身的特点及其独特的生物多样性。

一、微生物的形态与结构多样性

微生物的个体极其微小，必须借助于光学显微镜或电子显微镜才能观察到它们。测量和表示它们的大小时，细菌等须用作 um 单位，病毒等必须用 μm 作单位。杆形细菌的宽度只有 $0.5 \sim 2\mu m$，长度也只有 1 到几个，每克细菌的个数可达 1 到几个 μm，每克细菌的格数可达 1010 个。微生物本身具有极为巨大的比表面积，如大肠杆菌比表面积可达 30 万。这对于微生物与环境的物质、能量和信息的交换极为有利。但也有人们肉眼可见的微生物，如许多可食用的担子菌。

尽管微生物的形态结构十分简单，大多由单细胞或简单的多细胞构成，甚至无细胞结构，但形态上不仅有球状、杆状、螺旋状或分枝丝状等，细菌和古菌还有许多如方形、阿拉伯数字形、英文字母形、扁平形、立方形等特殊形状，放线菌和霉菌的形态有多种多样的分枝丝状。微生物细胞的显微结构更具有明显的多样性，如细菌经革兰氏染色后可分为革兰氏阳性细菌和革兰氏阴性细菌，其原因在于细胞壁的化学组成和结构不同。古菌的细胞壁组成更是与细菌有着明显的区别，其没有肽聚糖而是由蛋白质等组成；真核微生物细胞壁结构又与古菌、细菌有很大的差异。菌体表面的鞭毛、纤毛、荚膜等结构和化学组成都有很大的不同，因而呈现出不同的免疫特性。

二、微生物的代谢多样性

微生物的代谢多样性是其他生物所不可比拟的。

（1）微生物能利用的基质十分广泛，是任何其他生物所望尘莫及的，从无机的 CO_2 到有机的酸、醇、糖类、蛋白质、脂类等，从短链、长链到芳香烃类，以及各种多糖大分子聚合物（果胶质、纤维素等）和许多动、植物不能利用，甚至对其他生物有毒的物质，都可以成为微生物的良好碳源和能源。

（2）微生物的代谢方式多样，既可以以 CO_2 为碳源进行自养型生长，也可以以有机物为碳源进行异养型生长；既可以光能为能源，也可以化学能为能源。既可在有 O_2 条件下生长，又可在无 O_2 条件下生长。

（3）微生物的代谢途径多种多样，不仅在利用不同基质时的途径不一样，就算在利用同一基质时也可有不同的代谢途径。

（4）代谢中间体和最终产物更是多种多样，有各种各样的酸、醇、氨基酸、蛋白质、单糖、多糖、核苷酸、核酸、脂肪、脂肪酸、抗生素、维生素、毒素、色素、生物碱、CO_2、H_2O、H_2S、NO^{2-}、NO^{3-}、SO_4^{2-} 等，这些都可以是微生物的代谢产物。

（5）各种微生物的代谢速率差异极大，大多数微生物具有任何其他生物所不能比拟的代谢速率，如在适宜环境下，大肠杆菌每小时消耗的糖类相当于其自身重量的2000倍，但在高压环境、低温环境、营养缺乏和干燥环境下的微生物代谢速率很低。

三、微生物的遗传与变异多样性

在微生物中携带遗传信息的物质及其方式显然要比动植物更具有多样性。在原核微生物中，除了染色体携带遗传信息外，存在于原生质中的质粒也携带遗传信息；真核微生物中，染色体和细胞器都有能独立自主复制的 DNA ；病毒携带的核酸可以是DNA，也可以是 RNA，朊病毒甚至用蛋白质作增殖模板。RNA 病毒和朊病毒都不遵守"DNA → RNA →蛋白质"这一遗传中心法则。

微生物的繁殖方式相对于动植物的繁殖方式也具有多样性。细菌繁殖以二裂法为主，个别可以性接合的方式繁殖；放线菌可以菌丝和分生孢子繁殖；霉菌可以菌丝、无性孢子和有性孢子繁殖，无性孢子和有性孢子又各有不同的方式和形态；酵母菌可以出芽方式和形成子囊孢子方式繁殖等等。

微生物，尤其是以二裂法繁殖的细菌具有惊人的繁殖速率。如在适宜条件下，大肠杆菌37℃时的世代时间为18分钟，每24h可分裂80次，每24h的增殖数为 1.2×1024 个。枯草芽孢杆菌30℃时的世代时间为31分钟，每24h可分裂46次，增殖数为 7.0×1013 个。诚然，许多深海或嗜压微生物的生长代时远较大肠杆菌长，几天、几月者都有。

微生物由于个体小、结构简单、繁殖快、与外界环境直接接触等原因，很容易发生变异，一般自然变异的频率可达 $10^{-5} \sim 10^{-10}$，而且在很短的时间内就出现大量的变异后代。变异具有多样性，其表现可涉及所有性状，如形态构造、代谢途径、抗性、抗原性的形成与消失、代谢产物的种类和数量，等等。如常见的人体病原菌抗药性的提高使得在治疗上需要增加用药剂量，这就是病原菌变异的结果。再如在抗生素生产和其他发酵性生产中利用微生物变异提高发酵产物产量。最典型的例子是青霉素的发酵生产，最初发酵产物每毫升只含 20 单位左右，后来通过研究人员的努力，现在已有极大的增加，目前已接近 10 万单位。

四、微生物的抗性多样性

微生物具有极强的抗热性、抗寒性、抗盐性、抗干燥性、抗酸性、抗碱性、抗压性、抗缺氧、抗辐射和抗毒物等能力，显示出其抗性的多样性。

科学家已从深海热液喷口分离到能在 121℃生长的古细菌株 121，该菌在 130℃仍能存活 2h。含芽孢细菌一般更能抵抗高温等逆境环境，一般细菌的营养细胞在 70 ～ 80℃时，10min 就会死亡，而芽孢在 120 ～ 140℃甚至 150℃还能生存几小时，营养细胞在 5% 苯酚溶液中很快就死亡，芽孢却能存活 15d。芽孢的大多数酶处于不活动状态，代谢活力极低，芽孢是抵抗外界不良环境的休眠体。细菌芽孢具有高度抗热性，常给科研和发酵工业生产带来危害。也有许多细菌耐冷或嗜冷，有些在 -12℃仍可存活，极易造成贮藏于冰箱中的肉类、鱼类和蔬菜水果的腐败。人们常用冰箱（+4℃）、低温冰箱（-20℃）、干冰（-70℃）、液氮（-196℃）来保藏菌种，都具有良好的效果。

嗜酸菌可以在 pH 为 0.5 的强酸环境中生存，而硝化细菌可在 pH 9.4 的环境中生存，脱氮硫杆菌可在 pH 10.7 的环境中活动。在含盐高达 23% ～ 25% 的"死海"中仍有相当多的嗜盐菌生存。在糖蜜饯、蜂蜜等高渗物中同样有高渗酵母等微生物活动，从而往往引起这些物品的变质。

微生物在不良条件下很容易进入休眠状态，某些种类甚至会形成特殊的休眠构造，如芽孢、分生孢子、孢囊等。有些芽孢在休眠了几百年甚至上千年之后仍有活力。

目前已确定的微生物种数在 10 万种左右，但仍以每年发现几百至上千个新种的趋势在增加。苏联微生物学家伊姆舍涅茨基说，"目前我们所了解的微生物种类，至多也不超过生活在自然界中的微生物总数的 10%"。微生物生态学家较一致地认为，目前已知的已分离培养的微生物种类可能还不足自然界存在的微生物总数的 1%，在自然界中存在着极为丰富的微生物资源。分子生物学技术和方法的发展已经揭示了运用传统的微生物学研究技术和方法获得的微生物种类和种群数量仅占自然界存在总数的不到 1%。已有报道，运用最新的分子生物学技术和方法获得了与目前所知微生物的基因完全不同的基因组。

自然界中微生物存在的数量往往超出人们的一般预料。每克土壤中的细菌可达几亿个，放线菌孢子可达几千万个。人体肠道中菌体总数可达 100 万亿左右。每克新鲜叶子表面可附生 100 多万个微生物。全世界海洋中微生物的总重量估计达 280 亿吨。从这些数据资料可见微生物在自然界中的数量之巨。实际上我们就是生活在一个充满着微生物的环境中。

微生物横跨了生物六界系统中无细胞结构生物病毒界和细胞结构生物界中的原核生物界、原生生物界、菌物界。生物六界中除了动物界、植物界外，其余各界都是为微生物而设立的，范围极为宽泛。根据 C.Woese 1977 年提出的生命三域的理论，微生物也占据了古菌、细菌和真核生物三域。

五、微生物的生态分布多样性

微生物在自然界中，除了"明火"、火山喷发中心区和人为的无菌环境外，到处都有分布，上至几十千米外的高空，下至地表下几百米的深处，海洋上万米深的水底层，在土壤、水域、空气及动植物和人体内外，都分布有各种不同的微生物，可以说它们无处不在。即使是同一地点、同一环境，在不同的季节，如夏季和冬季，微生物的数量、种类、活性、生物链成员的组成等也会有明显的不同，这些都显示了微生物生态分布的多样性。

第三节　微生物与生命三域

20 世纪 60 ~ 70 年代，国际上在研究利用有机废弃物生物甲烷化过程中对产甲烷细菌的形态结构、生理生化、遗传变异、营养互营、分子生态等方面作了全面深入的研究，并发现了许多不同于其他细菌的特点。1977 年，沃斯（Carl Woese）及其同事对代表性细菌类群的 16SrRNA 碱基序列进行广泛比对后提出古菌（archaea）、细菌（bacteria）和真核生物（eucarya）三域（urkingdoms，domain）的概念，他认为生物界的系统发育并不是一个由简单的原核生物发育到较完全、较复杂的真核生物的过程，而是明显存在着三个发育不同的基因系统，即古菌、细菌和真核生物，并认为这三个基因系统几乎是同时从某一起点各自发育而来，这一起点是至今仍不明确的一个原始祖先。

微生物确实包括了古菌、细菌和真核生物中的相当部分。

古菌染色体中 DNA 的结构组成和存在方式表明，古菌和细菌在细胞形态结构、生长繁殖、生理代谢、遗传物质存在方式等方面相类似。但在分子生物学水平上，古菌和细菌之间有明显差别，是一群具有独特基因结构或系统发育生物大分子序列的单细胞生物。

古菌是一大类形态各异、特殊生理功能截然不同的微生物群。古菌可化能自养或异养型生活。其主要特点如下。

一、古菌具有独特的细胞或亚细胞结构，如无细胞壁。古菌没有细胞壁，仅有细胞膜，故而导致细胞形态多样。即使有细胞壁的其他古菌，其细胞壁组分也十分独特，有具蛋白质性质的，还有具杂多糖性质的，也有类似于肽聚糖的假肽聚糖，但都无胞壁酸、D- 型氨基酸和二氨基庚二酸。

二、古菌细胞膜的化学组成上，含有异戊烯醚而不含脂肪酸酯，脂肪酸为有分支的直链而不是无分支的直链。细胞膜中的类脂不可皂化，中性类脂为类异戊二烯（isoprenoid），极性脂为植貌甘油酸（phytanyl glycerol ethers）。

三、细胞内 16S rRNA 的核苷酸序列独特，不同于真细菌，也不同于真核生物。16SrRNA 的碱基序列、℃ RNA 的特殊碱基的修饰、5S rRNA 的二级结构等均不同于细菌和真核微生物。

四、古菌具有类似于真核微生物的基因转录和翻译系统。

五、在各种抗生素的敏感性上也与细菌有很大差异，如古菌对于氯霉素、青霉素、利福平等抗生素不敏感，但细菌对此非常敏感；相反，古菌对于环己胺、茴香霉素等敏感而细菌却不敏感。

六、古菌大多生活在地球上如超高温、高酸碱度、高盐浓度、严格无氧状态等极端环境或生命出现初期的自然环境中。如产甲烷细菌，可在严格厌氧环境下利用简单二碳和一碳化合物或 CO_2 生存和产甲烷；还原硫酸盐古菌可在极端高温、酸性条件下还原硫酸盐；极端嗜盐古菌可在极高盐浓度下生存，等等。

由此可见，古菌不仅在细胞化学组成上更是在分子生物学水平和系统发育上不同于同属于原核生物的细菌和真核生物的另一类特殊生物类群。

目前根据不同的生理特性，可将古菌分为产甲烷古菌群、还原硫酸盐古菌群、极端嗜盐古菌群、无细胞壁古菌群和极端嗜热和超嗜热代谢元素硫古菌群等 5 大类群。

第四节　微生物与人类社会文明进步

一、微生物与人类社会文明的进步

微生物与人类社会文明的发展有着极为密切的关系。微生物与人类关系的重要性和对于人类已有文明所做出的贡献都有着光辉的记录并将继续创造新的功绩。当今的人类社会生活已难以离开微生物所做的直接或间接贡献。各种由微生物参与或直接发酵生产的食品、饮料、调味品，各种抗生素、维生素和其他微生物药品，各种微生物性保健品，环境的微生物污染和污染环境的微生物治理与修复，动植物生产过程中使用微生物促进剂，微生物病原菌引起的人类各种疾病和利用微生物生产的各种药物对人类疾病的控制与治疗等，都与微生物的作用或其代谢产物有关。

在我国早期的农业生产中，人们常使用豆科植物与其他作物轮作以提高土地肥力的实践，以促进农业生产的持续发展。微生物是人类生存环境的"清道夫"和物质转化必不可少的重要成员，其推动着物质的地球生物化学循环，使得地球上的物质循环得以正常进行。很难想象，如果没有微生物的作用，地球将是什么样？无疑，所有的生命都将无法生存与繁衍，更不用说当今的现代文明了。

微生物病原菌也曾给人类带来巨大灾难。14世纪中叶，鼠疫耶尔森氏菌引起的瘟疫导致了欧洲总人数约1/3的死亡。20世纪前半叶的中国也经历了类似的灾难。

即使是现在，人类社会仍然遭受着微生物病原菌引起的疾病灾难威胁。艾滋病、肺结核、疟疾、霍乱正在卷土重来和大规模传播，还有正在不断出现的新的疾病如疯牛病、军团病、埃博拉病毒病、大肠杆菌0157、霍乱弧菌（0139）引起的霍乱，2003年春的SARS病毒、西尼罗河病毒，2004年的禽流感病毒，2009年的甲型H1N1流感等，给人类不断带来新的灾难。然而人类以自己的智慧坚持不懈地与各种病毒和致病菌进行着斗争。正是Louis Pasℂeur研究成功狂犬疫苗、Fleming发现了青霉素、von Behring成功制备抗毒素治疗白喉和破伤风等，这些创举挽救了无数的生命，同时也拯救了人类文明。

在微生物学发展史上有众多的科学家为微生物学的建立与发展研究、探索，奉献了自己的智慧与一生。有关统计表明，至今有33位诺贝尔奖获得者是微生物学领域的发现者或发明人，在20世纪诺贝尔生理学或医学奖获得者中，从事微生物学领域研究的就占了1/3。微生物学发展史上的重大事件，都表明微生物学的发展对世界文明进步做出的巨大贡献。

由于微生物本身的生物学特性和独特的研究方法，微生物已经成为现代生命科学在分子水平、基因水平、基因组水平和后基因组水平研究的基本对象和良好工具。例如，微生物为以转基因工程为核心的分子生物技术提供了低成本但是很理想的工具酶、载体和检测手段。微生物和微生物学的理论与研究技术正在被广泛应用于其他生命科学的研究中，即微生物学技术化，推动着生命科学的日新月异，直接和间接地推动着人类文明的快速发展。现代生命科学的许多前沿成果大多来自对微生物的研究。

二、微生物与人类可持续发展

人类的生存繁衍和可持续发展依赖于良好的生活环境、安全的食品和清洁的水源。然而，由于各种各样的原因，人类的生存环境（包括土壤、水域、大气）已受到污染，甚至是严重污染，进而通过植物、动物各级生物链污染人类的食物和饮用水。许多环境污染物是人类体内激素的替代物和干扰物，具有类似人类体内激素的生理特性，能干扰内分泌系统的正常生理活动，称之为环境激素。这些环境激素可以严重损伤和破坏男性的生殖能力，明显引发乳腺癌等女性疾病，诱发儿童的性早熟，引发人类不正常的心理情绪与行为。在 21 世纪初，人类不得不面对自身造成的环境的污染，因为环境污染危机已经直接威胁到人类自身的生存繁衍和可持续发展。

可喜的是，微生物对于人类可持续发展所贡献的潜力正日益为人们所认识。

（一）微生物与生态环境的保护和修复

保护环境、维护生态平衡以提高土壤、水域和大气的环境质量，创造一个适宜人类生存繁衍、并能生产安全食品的良好环境，是现如今人类生存所面临的重大任务。随着工农业生产的发展和人民对生活环境质量要求的提高，对于进入环境的日益增多的有机废水污物和人工合成有毒化合物等所引起的污染问题，人们也越来越关注。而微生物是这些有机废水污物和合成有毒化合物的强有力的分解者和转化者，起着环境"清道夫"的作用。由于微生物本身具有繁衍迅速、代谢基质范围宽、分布广泛等特点，它们在清除环境（土壤、水体）污染物中的作用和优势是任何其他理化方法所不能比拟的，因此正被广泛应用于有机废水和污染物的处理，以进行污染土壤的微生物修复。但不可否认，某些微生物也以其本身作为病原或其代谢毒物污染各类环境或食品，危害着人类健康。

（二）微生物学与农业

农业是人类赖以生存的最重要的客观基础。微生物学不仅与农业生产密切相关，而且与食品安全和品质改善密切相关。

土壤的形成及其肥力的提高有赖于微生物的作用。土壤中含氮物质的最初来源是微生物的固氮作用。土壤中含氮物质的积累、转化和损失，土壤中有机质尤其是腐殖质的形成和转化，土壤团聚结构的形成，土壤中岩石矿物变为可溶性的植物可吸收态无机化合物等过程也与微生物的生命活动有关。由于微生物的活动，土壤才具有生物活性，推动着自然界中最重要的物质循环，并改善土壤的持水、透气、供肥、保肥和冷热的调节能力，有助于农作物生产。

随着人类对环境和食品安全质量的要求越来越高，易造成环境和食品污染的化学农药、化学化肥越来越不受欢迎，而对绿色农业或有机农业、绿色食品的需求呼声也越来越高。而绿色农业或有机农业都离不开微生物的作用。在农业生产过程中，农作物的防病、防虫害都与微生物密切相关。植物的许多病害，其病原就是各类微生物，而反过来也可以利用某些微生物来防治农作物的某些病虫危害。有机肥的积制过程实际上就是通过微生物的生命活动，把有机物质改造为腐殖质肥料的过程。有机肥料和无机肥料施入土壤后，只有一部分可被植物直接吸收，其余部分都要经过微生物的分解、转化、吸收、固化，然后才能逐渐并较长时间地供给植物吸收利用。一些微生物还能固定大气中的氮素，从而为植物提供氮素营养。

农产品的加工、贮藏，实际上很多是利用有益的微生物作用或是抑制有害微生物的危害技术。

微生物学是农业科学的重要基础理论的一部分。随着科学技术的发展，微生物学与农业科学之间的关系必将越来越密切，微生物学对现代农业科学的影响也必将越来越大。

（三）利用微生物生产可持续的清洁能源

化学燃料不仅是一次性能源，而且其燃烧产物对于环境的污染也是一个严重问题。由于微生物可以将农业和某些工业有机废弃物转化为氢气、乙醇和甲烷等，不仅消除了环境中的有机污染物，还可产生如氢气、乙醇、甲烷等无污染的清洁能源。这些清洁能源在燃烧过程中极少产生污染物，而且可以持续地利用微生物进行生产，真可谓"用之不竭"，对于人类的可持续发展具有重要意义。

（四）以微生物为主体的生物产业将是国民经济的重要组成部分

一方面，利用微生物基因工程、酶工程、蛋白质工程、发酵工程等生物工程技术提高现有的微生物发酵水平，以增加产量，改善品质或风味，提高生产经济效益。另一方面，寻找、研究、开发能够形成对人类或动植物生存与健康具有有益价值的新的活性物质，将是今后的持续热点领域。这两个方面组成的以微生物为主体的生物产业在今后的国民经济发展中占有的比重将会越来越大，并且会成为重要的组成部分。

（五）丰富的微生物资源及其产物是人类药物的巨大宝库

由于微生物本身的特点和代谢产物的多样性，利用微生物生产人类战胜疾病所需的医药制品正受到广泛重视，生物医药正在迅速崛起，已经成为一个具有广阔前景的新兴产业。当今人类面临着空前的健康安全威胁，不仅给人类造成巨大灾难的疾病卷土重来，如肺结核、霍乱等，而且很多不明原因、尚无有效控制办法的疾病也在不断出现，如艾滋病、疯牛病、埃博拉病毒病、非典型肺炎等，再加上许多化学合成药物副作用问题的困扰，人们期待从无穷无尽的微生物资源宝库中寻找和获得理想的药物，或利用微生物对已有的药物进行改造，使其具有新的功能或减少原有的副作用。上述各种疾病的传染控制与治疗，将在很大程度上需要应用已有的和正在发展的微生物学理论与技术，依赖于新的微生物医药资源的开发与利用。利用微生物控制病原微生物的传染，利用微生物生产人类保健品，利用微生物增加人体免疫力，利用微生物生产人类和动植物新药，等等，都将成为人们关注的热点。开发和利用微生物必将为人类的生存、健康和可持续发展做出巨大贡献。

第二章　微生物营养与代谢

本章介绍微生物的营养与代谢的多样性。微生物细胞的化学组成元素与其他生物细胞相似，但微生物种类的多样性决定了其营养需求和营养类型的多样性。微生物吸收营养物质有简单扩散、促进扩散、主动吸收和基团转位等方式，微生物的营养类型可分为化能异养型、化能自养型、光能异养型和光能自养型。依据研究目标的不同，可配制不同的培养基。微生物通过厌氧发酵与底物水平磷酸化、呼吸（有氧呼吸和无氧呼吸）与氧化磷酸化和光合作用与光合磷酸化实现产能与能量转换。微生物细胞物质包括多糖（尤其是细胞壁肽聚糖）、核苷酸和核酸、多肽和蛋白质、脂肪酸和脂，其生物合成与其他生物相应物质的生物合成相似。许多微生物除了存在对生命活动至关重要的初级代谢外，还有对自身生存十分重要的次级代谢，其可产生对人类具有重要作用的次级代谢产物。在初级代谢和次级代谢过程中，微生物具有多个不同的调控方式来免除自身代谢产物的反馈抑制和其他环境因素的影响。

第一节　微生物的营养、营养类型与培养基

营养或营养作用（nutrition）是指生物体从外部环境中吸收生命活动所必需的物质和能量，以满足其生长和繁殖需要的一种生理功能。营养是一个过程，参与营养过程并具有营养功能的物质称为营养物质（nutrient）。营养物质是一切微生物新陈代谢的物质基础。它可为微生物的生命活动提供结构物质、能量、代谢调节物质和生理与生存环境。微生物通过多种方式从环境中吸收营养物质，不同类型的营养物质往往通过不同的运输途径进入细胞。对微生物细胞组成的系统分析，了解微生物的营养需求，针对不同的微生物，根据不同的培养目标，配制适合微生物"胃口"的培养基，是培养和研究微生物的基础。

一、微生物的营养及其吸收方式

（一）微生物的化学组成

微生物的化学组成与各成分含量基本反映了微生物生长繁殖所需求的营养物的种类与数量。因此，分析微生物细胞的化学组成与各成分含量，是了解微生物营养需求的基础，也是培养微生物时，设计与配制培养基乃至对生长繁殖过程进行调控的重要理论依据之一。

研究结果表明，微生物的化学组成与动植物细胞高度相似，其反映了自然界生物细胞组成的共性。微生物由碳、氢、氧、氮、磷、硫、钾、钠、钙、镁、铁、锰、铜、钴、锌、钼等化学元素组成。其中碳、氢、氧、氮、磷、硫等 6 种元素占了细胞干重的 97%。微生物细胞中的这些元素主要以水、有机物和无机盐的形式存在。水分约占菌体湿重的 70% ~ 90%，含量最高。有机物主要由糖、蛋白质、核酸、脂、维生素以及它们的降解产物与代谢产物组成。无机物参与有机物的组成，或单独存在于细胞原生质内，一般以无机盐的形式存在。

（二）微生物的营养要素及其功能

微生物的营养要素（也称营养因子）来自微生物生长所处的环境，按照它们在机体中的生理作用不同划分，可分为碳源、氮源、能源、生长因子、无机盐和水等 6 类。

1. 碳源

凡可被微生物用来构成细胞物质或代谢产物中碳架来源的营养物质统称为碳源（carbon source）。

纵观整个微生物界，微生物所能利用的碳源种类远远超过动植物。至今人类已发现的能被微生物利用的含碳有机物已有 700 多万种。由此可见，微生物的碳源谱极其广泛。

对于利用有机碳源的异养型微生物来说，其碳源往往同时又是能源。此时，可认为碳源是一种具有双功能的营养物质。种类较少的自养型微生物，则以 CO_2 为主要碳源。

微生物能利用的碳源种类及形式极其多样，既有简单的无机含碳化合物如 CO_2 和碳酸盐等，也有复杂的天然有机化合物，如糖与糖的衍生物、醇类、有机酸、脂类、烃类、芳香族化合物以及各种含氮的有机化合物。首先糖类通常是许多微生物较易利用的碳源与能源物质；其次是醇类、有机酸类和脂类等。微生物对糖类的利用，单糖优于双糖和多糖，己糖胜于戊糖，葡萄糖、果糖胜于甘露糖、半乳糖；在多糖中，淀粉明显地优于纤维素或几丁质等多糖，同型多糖则优于琼脂等杂多糖和其他聚合物（如木质素）等。

微生物对碳源的利用因种类不同而不同，而且可利用的种类差异极为悬殊。有的微生物能广泛利用各种不同类型的含碳物质，如假单胞菌属的某些种类可利用 90 种以上不同的碳源。有的微生物却只能利用少数几种碳源，如某些甲基营养型细菌只能利用甲醇或甲烷等一碳化合物。又如某些产甲烷古菌、自养型细菌仅可利用 CO_2 为主要碳源或唯一碳源。

工业发酵生产中所供给的碳源，大多数来自植物体，如山芋粉、玉米粉、面粉、麸皮、米糠、糖蜜等，其成分以碳源为主，但也包含其他营养成分。

实验室中，常用于微生物培养基的碳源主要有葡萄糖、果糖、蔗糖、淀粉、甘露醇、甘油和有机酸等。

2. 氮源

能被微生物用来构成微生物细胞组成成分或代谢产物中氮素来源的营养物质通称为氮源（ni℃ rogen source）。有机与无机含氮化合物及分子态氮，它们都可被相应的微生物用作氮源。

有机含氮化合物包括尿素、胺、酰胺、嘌呤、嘧啶、蛋白质及其降解产物——多肽与氨基酸等，它们均可被不同微生物所利用。其中蛋白质水解产物是许多微生物的良好氮源。仅有部分微生物可以利用嘌呤和嘧啶，如尿酸发酵梭菌和柱孢梭菌只能利用嘌呤与嘧啶为氮源、碳源和能源，而不利用葡萄糖、蛋白胨或氨基酸。

工业发酵中利用的有机含氮化合物，主要来源于动物、植物及微生物体，例如鱼粉、黄豆饼粉、花生饼粉、麸皮、玉米浆、酵母膏、酵母粉、发酵废液及废物中的菌体等。

大多数微生物能利用无机含氮化合物，如铵盐、硝酸盐和亚硝酸盐等，但仅有固氮微生物可利用分子态氮作氮源。

蛋白胨和肉汤中含有的肽、多种氨基酸和少量的铵盐及硝酸盐，通常能满足各类细菌生长的需要。因此，铵盐、硝酸盐、蛋白胨和肉汤等是实验室培养微生物常用的氮源。

3. 能源

能为微生物的生命活动提供最初能量来源的物质称为能源（energy source）。微生物能利用的能源种类因种类不同而有所差异，其主要是一些无机物、有机物或光。

能作为化能自养微生物能源的物质是一些还原态的无机物质，例如 NH_4^+、NO_2^-、S、H_2S、H_2 和 Fe^{2+} 等，这些化能自养型的细菌包括硝化细菌、硫化细菌、氢细菌和铁细菌等。

许多营养物质具有一种以上的营养功能。例如，还原态无机营养物常是双功能的（如 NH_4^+ 既是硝化细菌的能源，又是其氮源）。有机物常起着双功能或三功能的营养作用，例如以 N、C、H、O 类元素组成的营养物质常是异养型微生物的能源、碳源兼氮源。而光是光合微生物所利用的单功能能源。

4. 生长因子

为某些微生物生长所必需，其自身又不能合成，而是需要外源提供但需求量又很小的有机物质通称为生长因子（growℂh facℂor）。狭义的生长因子一般仅指维生素。广义的生长因子除了维生素外，还包括氨基酸类、嘌呤和嘧啶类以及脂肪酸和其他膜成分等。

生长因子虽是一种重要的营养要素，但它与碳源、氮源和能源不同，并非任何一种微生物都必须从外界吸收。根据各种微生物与生长因子的关系可分以下几类。

（1）生长因子自养型微生物

多数真菌、放线菌和细菌，如大肠杆菌等，都是不需要外界提供生长因子的自养型微生物。

（2）生长因子异养型微生物

它们需要多种生长因子，例如一般的乳酸菌都需要多种维生素。根瘤菌生长需要生物素，每 mL 培养液中只需要 0.006μg，就有显著的促进生长作用。

（3）生长因子过量合成型微生物

有些微生物在其代谢活动中，会分泌出大量的维生素生长因子，因而可以作为维生素的生产菌。例如生产维生素 B2 的阿舒假囊酵母或棉阿舒囊霉、产维生素 B12 的谢氏丙酸杆菌及某些链霉菌等。

（4）营养缺陷型微生物

某些微生物的正常生长，需要适量的一种或几种氨基酸、维生素、碱基（嘌呤或嘧啶）。凡是不能合成上述各类物质中的任何一种，而需外源供给才能正常生长的，称为营养缺陷型微生物，如前面提及的乳酸菌、根瘤菌也同属于营养缺陷型微生物。反之则称为野生营养型微生物，即凡是以葡萄糖或其他有机化合物为唯一碳源和能源、以无机氮为唯一氮源就能满足碳、氮营养需要的化能有机营养型微生物，称为野生营养型微生物。

通常由于对某些微生物生长所需的生长因子要求不了解，因此常在培养这些微生物的培养基里加入酵母膏、牛肉膏、玉米浆、肝浸液、麦芽汁或其他新鲜的动植物组织浸出液等物质以满足它们对生长因子的需要。

5. 无机盐

根据微生物生长繁殖对无机盐（mineral salℂs）需求量的大小，可分为大量元素和微量元素两大类。凡是生长所需浓度在 $10^{-3} \sim 10^{-4}$ mol/L 范围内的元素，可称为大量元素，例如 S、P、K、Na、Ca、Mg、Fe 等。凡所需浓度在 $10^{-6} \sim 10^{-8}$ mol/L 范围内的元素，则称为微量元素，如 Cu、Zn、Mn、Mo、Co、Ni、Sn、Se 等。Fe 实际上是介于大量元素与微量元素之间，故置于两处均可。

在配制微生物培养基时，对于大量元素，可以加入有关化学试剂，常用的有 K_2HPO_4 及 $MgSO_4$。因为它们可提供 4 种需要量最大的元素。对于微量元素，由于水、化学试剂、玻璃器皿或其他天然成分的杂质中已含有可满足微生物生长所需的各种微量元素，因此在配制普通培养基时不再另行添加。但如果要配制研究营养代谢等的精细培养基，所用的玻璃器皿应是硬质的，试剂是高纯度的，此时就须根据需要加入必要的微量元素。

6. 水

水在微生物机体中具有重要的功能，是维持微生物生命活动不可缺少的物质。

（1）水是微生物细胞的重要组成成分，它占微生物体湿重的 70% ~ 90%，同时水还可供给微生物氧和氢两种元素。

（2）水使原生质保持溶胶状态，保证了代谢活动的正常进行；当含水量减少时，原生质由溶胶变为凝胶，生命活动大大减缓，如同细菌芽孢。如原生质失水过多，引起原生质胶体破坏，可导致菌体死亡。

（3）水是物质代谢的原料，如一些加水反应过程，没有水将不能进行。

（4）水作为一种溶剂，能起到胞内物质运输介质的作用，营养物质只有呈溶解状态才能被微生物吸收、利用，同时代谢产物的分泌也需要水的参与。

（5）水又是热的良好导体，因为水的比热高，故能有效地吸收代谢过程中放出的热并将其迅速散发，以免胞内温度骤然升高，故而水能有效地控制胞内温度的变化。

一般微生物只有在水活度适宜的环境中，才能进行正常的生命活动。但是菌体生长时期不同及环境条件发生改变，对 aw 的要求会有所不同。细菌芽孢形成时比生长繁殖时所需要的 aw 值高。例如魏氏梭状芽孢杆菌在芽孢发芽和生长时，要求 aw 值为 0.96；而在芽孢形成时，要求 aw 值为 0.993，若 aw 值降为 0.97，几乎无芽孢形成。而霉菌生长时要求的 aw 值比孢子萌发时高。例如灰绿曲霉生长所需的 aw 值在 0.85 以上，而孢子萌发时要求的 aw 最低值为 0.73 ~ 0.75。

如果微生物生长环境的 aw 值大于菌体生长的最适 aw 值，细胞就会吸水膨胀，甚至引起细胞破裂。反之，如果环境 aw 值小于菌体生长的最适 aw 值，则细胞内的水分就会外渗，造成质壁分离，使细胞代谢活动受到抑制甚至引起死亡。人们为了抑制有害微生物生长，往往加入高浓度食盐或蔗糖，以降低环境中的 aw 值，使菌体不能正常生长，从而达到长久保存食品的目的。

还应指出，有些微生物除需要上述物质外，还会有特殊的营养需要。例如，好氧性微生物生长时需要氧气，此时氧参与某些物质代谢中的加氧反应，也作为物质有氧分解的最终电子受体；有些厌氧微生物（如产甲烷古菌）生长时则需要 CO_2 等。

（三）微生物营养物质的吸收方式

微生物没有专门的摄食器官，各种营养物质都是通过细胞膜的渗透和选择性吸收进入细胞。营养物质从微生物所处的周围环境通过细胞膜进入细胞的方式可分为四种类型，即简单扩散、促进扩散、主动运输和基团转位。

1. 简单扩散

简单扩散（simple diffusion）是一种最为简单的营养物质吸收进入细胞的方式。在简单扩散中，营养物质在扩散通过细胞膜的过程中不消耗能量，也不发生化学变化。物质扩散的动力是物质在膜内外的浓度差，通过细胞膜中的含水小孔由高浓度的胞外环境向低浓度的胞内环境扩散，这种扩散是非特异性的，但膜上小孔的大小和形状对被渗透扩散的营养物质的分子大小有一定的选择性。简单扩散不是微生物吸收营养物质的主要方式，以这种方式运输的物质主要是一些分子质量相对小于脂溶性的物质，如水、一些气体（如氧）、甘油和某些离子等。大肠杆菌就是以简单扩散方式吸收钠离子等。

2. 促进扩散

它与简单扩散不同，营养物质经促进扩散进入细胞的运输过程中，需要借助位于膜上的一种载体蛋白的参与，并且每种载体蛋白只运输相应的物质。因此，促进扩散对被运输的物质具有高度的立体专一性，被传送的物质先在细胞膜外面与载体蛋白结合，然后在细胞内表面释放。载体蛋白能促进物质运输加快进行，但营养物质不能逆浓度梯度吸收。促进扩散的运输方式多见于真核微生物，例如酵母菌吸收某些物质和分泌代谢产物就是通过这种方式完成的。

3. 主动运输

营养物质的主动运输过程需要消耗能量，并且可以逆浓度梯度运输。显然，它与上述促进扩散方式不同，重要的区别是在促进扩散中载体蛋白分子构型改变不需要能量，它在被运输物质与载体分子之间通过相互作用使其构型变化，从而完成营养物质转运；但在主动运输中，载体分子构型变化以消耗能量为前提，因此主动运输是一个耗能过程。主动运输是一种广泛存在于微生物中的主要物质运输方式。微生物在生长与繁殖过程中所需要多数营养物质，如氨基酸等主要是通过主动运输的方式运输的。

4. 基团转位

基团转位是一种既需要载体蛋白又需要消耗能量的物质运输方式。其与主动运输方式不同的是它有一个复杂的运输酶系统来完成物质的运输，同时底物在运输过程中发生化学结构变化。这种运输方式主要存在于厌氧细菌和兼性厌氧细菌中，主要用于糖的运输以及脂肪酸、核苷、碱基等物质的运输。下面以大肠杆菌吸收其葡萄糖为例，说明底物的基团转位传送过程。在这个运输系统中通常是由三种不同的蛋白质组成，即酶Ⅰ，酶Ⅱ和一种低相对分子质量的热稳定性蛋白质（hea℃-s℃able carrier pro℃ein，HPr）。在这三种成分中酶Ⅰ和HPr是非特异性的，都是可溶性的，HPr能像高能磷酸载体一样起作用，而酶Ⅱ对糖有专一性，能被某种糖诱导产生。除酶Ⅱ位于细胞膜上外，其他都可游离存在于细胞质中。磷酸烯醇式丙酮酸（PEP）是磷酸的供体。

二、微生物的营养类型

根据微生物生长所需要的碳源物质的性质，可将微生物分成自养型与异养型两大类。又可以微生物生长所需能量来源的不同进行分类，可将微生物分成化能营养型与光能营养型。还可根据其生长时能量代谢过程中供氢体性质的不同进行分类，可将微生物分成有机营养型与无机营养型。综上所述，可将微生物营养类型划分为四种基本类型，即化能有机营养型、化能无机营养型、光能无机营养型与光能有机营养型等。

1. 化能有机营养型

以适宜的有机碳化合物为基本碳源，以有机物氧化过程中释放的化学能为能源，以有机物为供氢体进行生长的微生物通称为化能有机营养型。化能有机营养型又称为化能异养型。它们的特点是不能以 CO_2 这样的无机碳源作为其生长的主要碳源或唯一碳源，它们所能利用的基本碳源、能源物质、能量代谢中的供氢体均为有机物。这类微生物生长所需要的碳源，如淀粉、糖类、纤维素、有机酸等，主要是一些有机含碳化合物。对于化能有机营养型微生物来说，有机物通常既是它们生长的碳源物质又是能源物质和供氢体。绝大多数细菌与全部真核微生物都属于化能有机营养型。

在化能有机营养型微生物中，根据它们利用有机物的特性，又可以分为腐生型与寄生型两种类型。自然界中以已经死亡的生物有机物质作为营养物质而进行生长、繁殖的微生物即为腐生性微生物。以活的生物体物质作为营养源的微生物称为寄生性微生物。寄生性微生物又可分为专性寄生和兼性寄生两种。专性寄生性微生物只能寄生在特定的寄主生物体内营寄生生活，兼性寄生性微生物既能营腐生生活，也能在一定寄主中营寄生生活，例如一些肠道杆菌既寄生在人和动物体内，也能腐生生活于土壤中。很多种植物病原菌既能寄生在一定的活的寄主体内生活，产生病害，又能在土壤中营腐生生活。

2. 化能无机营养型

化能无机营养型又称化能自养型。这是一类能氧化某种还原态的无机物质，利用所释放的化学能还原 CO_2，合成有机物质，进行生长、繁殖的微生物。该类微生物的特点是能以 CO_2 作为生长的主要碳源或唯一碳源，不需要有机养料；其所能利用的能源物质与供氢体均是无机性质的。例如硝酸细菌、氢细菌、硫化细菌、铁细菌等均属于化能无机营养型微生物。

3. 光能无机营养型

光能无机营养型又称为光能自养型。这是一类含有光合色素、能以 CO_2 作为唯一主要碳源并利用光能进行生长的微生物。它们能以无机物，如硫化氢、硫代硫酸钠或其他无机硫化物，以及水作为供氢体，使 CO_2 还原成细胞物质。藻类、蓝细菌、绿硫细菌和紫硫细菌就属于这类微生物。例如藻类和蓝细菌具有与高等植物相同的光合作用，它们从日光捕获光能，从水中获得所需要的氢，还原二氧化碳，放出氧。绿硫细菌和紫硫细菌也能行光合作用，它们以硫化氢为供氢体，还原 CO_2，但不产氧气。

4. 光能有机营养型

光能有机营养型又可称为光能异养型。有少数含有光合色素的微生物种类能利用光能为能源，还原 CO_2 合成细胞物质，同时必须以某种有机物质作为光合作用中的供氢体，因而被称为光能有机营养型。例如红螺菌属中的一些细菌，它们能利用异丙醇作为供氢体，使 CO_2 还原成细胞物质，同时积累丙酮。光能异养型细菌在生长时大多数需要外源的生长因子。

三、微生物培养基

培养基（medium，复数为 media）是人工配制的用于微生物生长繁殖或积累代谢产物的营养基质。培养基的配制应遵循若干原则。由于各种微生物所需的营养物质有所不同，故培养基的种类很多，据估计，目前约有数千种。这些培养基可以根据不同的使用目的、营养物质的不同来源以及培养基的物理状态等分成若干类型以适应科研、生产的需要。

（一）培养基配制应遵循的原则

培养基的配制应遵循以下几个原则：①根据不同微生物的营养需要配制不同的培养基。②注意各种营养物质的浓度，保持合适的渗透压或 aw；同时控制不同营养物质的合适配比。③将培养基的 pH 控制在适宜的范围之内，以利于不同类型微生物的生长繁殖或代谢产物的积累。在实践中，针对某些微生物在生长过程中产酸性或碱性代谢产物较多的情况，在配制培养基时常添加一些缓冲剂或不溶性的碳酸盐，以维持培养基 pH 的稳定性；常用的缓冲剂有 K_2HPO_4 与 KH_2PO_4 组成的混合物或 $CaCO_3$。④培养基应无菌。故在培养基配制后应彻底杀死培养基中的杂菌。⑤遵循经济节约、用之不竭的原则。在所选培养基成分能满足微生物培养要求的前提下，尽可能选用价格低廉、资源丰富的材料作为培养基成分。

（二）培养基的类型

培养基种类很多，可根据构成培养基的成分、物理状态、用途将培养基分成若干类型。

1. 合成、半合成与天然培养基

根据构成培养基的化学成分的了解程度，可将培养基分成合成培养基、半合成培养基和天然培养基三大类。

（1）合成培养基

合成培养基又称组合培养基（chemical defined media）。它是由化学成分完全了解的物质配制而成的培养基。例如用于分离培养放线菌的高氏 1 号培养基，其组成成分均为明确已知的化学成分。

（2）半合成培养基

半合成培养基又称为半组合培养基（semi-defined media）。它是指一类主要用已知化学成分的试剂配制，同时添加某些未知成分的天然物质制备而成的培养基。如一般用于培养霉菌的马铃薯蔗糖培养基就属于半合成培养基。

（3）天然培养基（complex media，undefined media）

天然培养基是指用化学成分并不十分清楚或化学成分不恒定的天然有机物质配制而成的培养基。常用的有机物有牛肉膏、酵母膏、蛋白胨、麦芽汁、豆芽汁、玉米粉、麸皮、牛奶、血清等。如实验室常用于培养细菌的牛肉膏、蛋白胨培养基、培养酵母菌的麦芽汁培养基等就属于此类培养基。

2. 液体、固体与半固体培养基

培养基还可根据其物理状态分成液体培养基、固体培养基与半固体培养基等类型。

（1）液体培养基（liquid medium）

液体培养基指呈液体状态的培养基。无论在实验室还是生产实践中，液体培养基都被广泛应用。尤其是在工业生产上，液体培养基经常被用于培养微生物细胞或获得代谢产物等。

（2）固体培养基（solid medium）固体培养基即指呈固化状态的培养基。根据固态性状，又可分为以下几种类型：

①可逆固化培养基（solidified medium）

一般是指实验室最常用的固体培养基。是由液体培养基中加入在一定的高温条件下融化、而在较低的特定温度下凝固的热可逆凝固剂配制而成。琼脂是最为优良与应用最为广泛的凝固剂，通常加入 1% ~ 2% 的琼脂（agar）配制固体培养基。明胶曾被广泛使用，但由于明胶的理化特性远逊于琼脂，现已很少用作培养基凝固剂，除非在检验某些微生物分解蛋白质的生理生化特性等特殊实验时才会加入 5% ~ 12% 的明胶作凝固剂。近年也有用微生物多糖结冷胶作为固体培养基凝固剂的报道。

②不可逆固体培养基

这类培养基一旦凝固就不能再被融化，故称之为不可逆固体培养基。如医药微生物分离培养中常用的血清培养基及用于化能自养细菌的分离、纯化与培养的硅胶（silica gel）培养基等。

③天然固体培养基

天然固体培养基指由天然固态营养基质制备而成的固体培养基。常用的天然固态营养基质有麦麸、米糠、木屑、植物秸秆纤维粉、马铃薯片、胡萝卜条、大豆、大米、麦粒等。如固体发酵生产纤维素酶常用麦麸为主要原料的天然固体培养基，又如食用菌生产常用植物秸秆纤维粉为主要原料的天然固体培养基。

（3）半固体培养基（semi-solid medium）

半固体培养基是指在液体培养基中加入少量凝固剂而制成的坚硬度较低的固体培养基。一般常用的琼脂浓度为 0.2% ~ 0.7%。这种培养基常分装于试管中，灭菌后再用于穿刺接种观察被培养微生物的运动性、趋化性研究、厌氧菌培养以及菌种保藏等。

3. 完全、加富、选择、鉴别与基本培养基

根据培养基的用途，又可将培养基分成以下 5 种类型；

（1）完全培养基

含有微生物生长繁殖所需基本营养成分的培养基称为完全培养基，也称基础培养基。牛肉膏蛋白胨培养基就是基础与应用研究中常用的基础培养基。在基础培养基中加入某些特殊需要的营养成分，就可构成不同用途的其他培养基，以达到更有利于某些微生物生长繁殖的目的。

（2）加富培养基

加富培养基指在基础培养基中加入某些特殊需要的营养成分配制而成的营养更为丰富的培养基。加富培养基一般用于培养对营养要求比较苛刻的微生物。在研究致病微生物时常采用加富培养基。如培养某些致病菌常需要在基础培养基中加入血液、血清或动物与植物的组织液等。在含有多种微生物的样品中分离某种微生物时，常需要根据分离的微生物的营养嗜好，在基础培养基中添加特定的营养成分，以便更有利于欲分离的目标微生物的生长繁殖。如用液体培养基培养，可使微生物群体中欲要分离的目标微生物随培养时间的延长在数量上逐步占据优势，以利于下一步分离；如用固体平板加富培养基培养，可使微生物群体中欲要分离的微生物较早形成菌落。

（3）选择性培养基

用于从混杂的微生物群落中选择性地分离某种或某类微生物而配制的培养基称为

选择性培养基。选择性培养基配制时可根据不同的用途选择特殊的营养成分或添加特定的抑制剂，以达到分离特定微生物的目的。

在实践中有两种方式：一种是正选择，一种是反选择。所谓正选择是添加某种特定成分作为培养基主要或唯一的营养物，以分离能利用该种营养物的微生物。如从混杂的微生物群落中选择性地分离能利用纤维素的微生物时，则把纤维素作为选择培养基的唯一碳源，把含多种微生物的待分离样品涂布于此种培养基上，凡能在该培养基上生长繁殖的微生物即为能利用纤维素的微生物。

反选择是在培养基中加入某种或某些微生物生长抑制剂，以抑制所不希望出现的微生物，从而从混杂的微生物群体中分离出不被抑制和所需要的目标微生物。如在选择培养基中加入青霉素、链霉素以抑制细菌，从而分离霉菌与酵母菌；在选择培养基中加入一定量 10% 的酚试剂以抑制细菌与霉菌，以分离放线菌；在基因工程中，也常用加入抗生素的选择培养基来筛选带有抗生素标记基因的基因工程菌株或转化子。

（4）鉴别培养基

用于鉴别不同微生物类型的培养基称为鉴别培养基。鉴别培养基主要用于微生物的分类鉴定和分离或筛选产生某种或某些代谢产物的微生物菌株。如要了解某种微生物利用葡萄糖时是否产酸，就可在葡萄糖为唯一碳源的培养基中加入一定量的 1% 溴麝香草酚蓝酒精溶液。溴麝香草酚蓝是一种在 pH6.8 左右时呈浅草青色，pH 低于 6.6 时变黄，pH 高于 7.0 时变蓝的指示剂。当培养的细菌能利用葡萄糖产酸，则使培养基呈酸性且变黄色，从而使利用葡萄糖产酸这一生理生化特性得以被鉴定。

（5）基本培养基（minimum media）

相对于完全或基础培养基而言，它是指野生型微生物在其上能生长，而营养缺陷型微生物不能生长的培养基。这类培养基一般是合成培养基，主要用于营养缺陷型突变体的筛选。

实际上，在微生物学研究与应用实践中，还常配制一些结合两种甚至多种功能与类型的综合性培养基。可见，上述各种分类是相对的。

第二节　微生物的产能代谢

在微生物的物质代谢中，与分解代谢相伴随的是蕴含在营养物质中的能量逐步释放与转化的变化被称为产能代谢。可见产能代谢与分解代谢密不可分。任何生物体的生命活动都必须有能量驱动，产能代谢是生命活动的能量保障。微生物细胞内的产能与能量储存、转换和利用主要依赖于氧化还原反应。化学上，物质加氧、脱氢、失去电子被定义为氧化，而反之则称为还原。发生在生物细胞内的氧化还原反应通常被称为生物氧化。微生物的产能代谢即是细胞内化学物质经过一系列的氧化还原反应而逐步分解，同时释放能量的生物氧化过程。营养物质分解代谢释放的能量，一部分能量通过合成 ATP 等高能化合物而被捕获，另一部分能量以电子与质子的形式转移给一些递能分子，如 NAD、NADP、FMN、FAD 等形成还原力 NADH、NAD-PH、FMNH 和 FADH，参与生物合成中需要还原力的反应，还有一部分以热的方式释放。另有一部分微生物能捕获光能并将其转化为化学能以提供生命活动所需的能量。种类繁多的微生物所能利用的能量有两类：一是蕴含在化学物质（营养物）中的化学能，二是光能。

微生物产能代谢具有丰富的多样性，但可归纳为两类途径和三种方式，即发酵、呼吸（含有氧呼吸和无氧呼吸）两类通过营养物分解代谢产生和获得能量的途径，以及通过底物水平磷酸化、氧化磷酸化（也称电子转移磷酸化，electron Transfer phosphorylation）和光合磷酸化三种化能与光能转换为生物通用能源物质（ATP）的转换方式。

研究微生物的产能代谢就是追踪了解蕴含能量的物质降解途径和参与产能代谢的储能、递能分子捕获与释放能量的反应过程和机制。

一、能量代谢中的贮能与递能分子

（一）ATP

在与分解代谢相伴随的产能代谢中，起捕获、贮存和运载能量作用的重要分子是腺嘌呤核苷三磷酸，简称腺苷三磷酸。ATP 是由 ADP（腺苷二膦酸）和无机磷酸合成的。ATP、ADP 和无机磷酸广泛存在于细胞内，起着储存和传递能量的作用。

以 ATP 形式贮存的自由能，用于提供以下各方面对能量的需要。

1. 提供生物合成所需的能量。在生物合成过程中，ATP 将其携带的能量提供给大分子的结构元件，例如氨基酸，使这些元件活化，处于较高能态，为进一步装配成生物大分子蛋白质等做好准备。2. 为细胞各种运动（如鞭毛运动等）提供能量来源。3. 为细胞提供逆浓度梯度跨膜运输营养物质所需的自由能。4. 在 DNA、RNA、蛋白质等生物合成中，保证基因信息的正确传递，ATP 也以特殊方式起着递能作用等。5. 在细胞进行某些特异性生物过程（如固定氮素）时提供能量。

当 ATP 提供能量时，ATP 分子远端的 γ- 磷酸基团水解成为无机磷酸分子，ATP 分子失掉一个磷酰基而转变为 ADP。ADP 在捕获能量的前提下，再与无机磷酸结合形成 ATP。ATP 和 ADP 的往复循环是细胞储存和利用能量的基本方式。ATP 作为自由能的贮存物质，通常处于动态平衡的不断周转之中。一般情况下，在一个快速生长的微生物细胞内，ATP 一旦形成，很快就被利用，起着捕获与传递能量的作用。在一种微生物细胞中 ATP 和 ADP 总是以一定的浓度比例范围存在，以保证生命活动中用能与储能的正常进行。

能直接提供自由能的高能核苷酸类分子除 ATP 外，还有 GTP（鸟苷三磷酸）、UTP（尿苷三磷酸）以及 CTP（胞苷三磷酸）等。GTP 为一些功能蛋白的活化、蛋白质的生物合成和转运等提供自由能。UTP 在糖原合成中可以活化葡萄糖分子。CTP 为合成磷脂酰胆碱等提供自由能等。

（二）烟酰胺辅酶 NAD 与 NADP

烟酰胺腺嘌呤二核苷酸（nicotinamideadenine dinucleotide，NAD^+，辅酶Ⅰ）和烟酰胺腺嘌呤二核苷酸膦酸（nicotinamide adenine dinucleotidephosphate，$NADP^+$，辅酶Ⅱ）是物质与能量代谢中起重要作用的脱氢酶的辅酶。作为电子载体，在能量代谢的各种酶促氧化—还原反应中发挥着能量的暂储、运载与释放等重要功能。其氧化形式分别为 NAD^+ 和 $NADP^+$，在能量代谢氧化途径中作电子受体。

依赖于 NAD^+ 和 $NADP^+$ 的脱氢酶至少催化 6 种不同类型的反应：简单的氢转移、氨基酸脱氨生成 α- 酮酸、β- 羟酸氧化与随后，β- 酮酸中间物脱羧、醛的氧化、双键的还原和碳—氮键的氧化（如二氢叶酸还原酶）。NAD 也是参与呼吸链电子传递过程的重要分子，在多数情况下代谢物上脱下的氢先交给 NAD^+，使之成为 NADH 和 H^+，然后把氢交给黄素蛋白中的黄素腺嘌呤二核苷酸（FAD）或黄素单核苷酸（FMN），再通过呼吸链的传递，最后交给氧等最终受氢体。但也存在另一种情况，即代谢物上的氢先交给 NAD^+ 或 $NADP^+$，生成还原型的 NADH 或 NADPH，后者再去还原另一个代谢物。因此通过 NAD^+ 或 $NADP^+$ 的作用，可以使某些反应偶联起来。此外，NAD^+ 也是 DNA 连接酶的辅酶，对 DNA 的复制有重要作用，为形成磷酸二酯键提供所需要的能量。由此可见辅酶Ⅰ与辅酶Ⅱ在细胞物质与能量代谢中起着不可替代的重要作用。

（三）黄素辅酶 FMN 与 FAD

黄素单核苷酸（flavin mononucleotide，FMN）和黄素腺嘌呤二核苷酸（flavin adenine dinucleotide，FAD）是核黄素（riboflavin，即维生素 B_2）在生物体内的存在形式，是细胞内一类称为黄素蛋白的氧化还原酶的辅基，因此也称之为黄素辅酶。核黄素是核醇与 7，8- 二甲基异咯嗪的缩合物。由于在异咯嗪的 1 位和 5 位 N 原子上具有两个活泼的双键，故易发生氧化还原反应。

黄素辅酶是比 NAD+ 和 NADP+ 更强的氧化剂，能被 1 个电子和 2 个电子途径还原，并且很容易被分子氧重新氧化。黄素辅酶可以 3 种不同氧化还原状态的任意一种形式存在。完全氧化型的黄素辅酶为黄色，λ max 为 450nm，通过 1 个电子转移，可将完全氧化型的黄素辅酶转变成半醌（semiquinone），半醌是一个中性基，λ max 为 570nm，呈蓝色；第二个电子转移将半醌变成完全还原型无色二氢黄素辅酶。

黄素辅酶与许多不同的电子受体和供体一起，通过 3 种不同的氧化还原状态参与电子转移反应，在细胞的物质与能量代谢的氧化还原过程中发挥传递电子与氢的功能，以促进糖、脂肪和蛋白质的代谢。

二、微生物的主要产能代谢途径与能量转换方式

微生物产能代谢可分为发酵、呼吸（含有氧呼吸与无氧呼吸）两类代谢途径，以及底物水平磷酸化、氧化磷酸化和光合磷酸化三种化能与光能转换为生物通用能源的能量转换方式。

（一）发酵与底物水平磷酸化

发酵（fermentation）有广义与狭义两种概念。广义的发酵是指微生物在有氧或无氧条件下利用营养物生长繁殖并生产对人类有用产品的过程。例如在发酵工业上用苏云金芽孢杆菌等生产生物杀虫剂，利用酵母菌生产面包酵母或酒精，利用链霉菌生产抗生素等通称为发酵。而狭义的发酵仅仅是指微生物生理学意义上的，它一般是指微生物在无氧条件下利用底物代谢时，将有机物生物氧化过程中释放的电子直接转移给底物本身未彻底氧化的中间产物，从而生成代谢产物并释放能量的过程。这里讨论的是狭义的发酵。

微生物进行能量代谢的途径具有多样性。微生物中已揭示的利用底物（葡萄糖等）发酵产能代谢的主要有 EMP、HMP、ED、WD（含 PK 和 HK 两条途径）和 S℃ickland 六条途径。这些途径中释放的可被利用的能量，部分是通过底物水平磷酸化生成 ATP 等，部分被转移至递能分子中形成还原力 [H]。

1. 主要发酵产能代谢途径

（1)EMP 途径及其终产物和发酵产能

EMP 途径(Embden-Meyerh of pathway)以葡萄糖为起始底物,丙酮酸为其终产物,整个代谢途径历经 10 步反应,分为两个阶段。

EMP 途径的第一阶段为耗能阶段。在这一阶段中，不仅没有能量释放，还在以下两步反应中消耗 2 分子 ATP：①在葡萄糖被细胞吸收运输进入胞内的过程中，葡萄糖被磷酸化，消耗了 1 分子 ATP，形成 6- 磷酸葡萄糖；② 6- 磷酸葡萄糖进一步转化为

6- 磷酸果糖后，再一次被磷酸化，形成 1，6- 二磷酸果糖，此步反应又消耗了 1 分子 ATP。而后，在醛缩酶催化下，1，6- 二磷酸果糖裂解形成 2 个三碳中间产物——3- 磷酸甘油醛和磷酸二羟丙酮。在细胞中，磷酸二羟丙酮为不稳定的中间代谢产物，通常很快转变为 3- 磷酸甘油醛而进入下一步反应。

因此，在第一阶段实际是消耗了 2 分子 ATP，生成 2 分子 3- 磷酸甘油醛；这一阶段是为第二阶段的进一步反应做准备，故被称为准备阶段。

EMP 途径的第二阶段为产能阶段。在第二阶段中，3- 磷酸甘油醛接受无机磷酸被进一步磷酸化，此步以 NAD+ 为受氢体发生氧化还原反应，3- 磷酸甘油醛转化为 1，3- 二磷酸甘油酸，同时，NAD+ 接受氢（2e+2H+）被还原生成 $NADH_2$。与磷酸己糖中的有机磷酸键不同，二磷酸甘油酸中的 2 个磷酸键为高能磷酸键。在 1，3- 二磷酸甘油酸转变成 3- 磷酸甘油酸及随后发生的磷酸烯醇式丙酮酸转变成丙酮酸的 2 个反应中，发生能量释放与转化，各生成 1 分子 ATP。

综上所述，EMP 途径以 1 分子葡萄糖为起始底物，历经 10 步反应，产生 4 分子 ATP。由于在反应的第一阶段消耗 2 分子 ATP，故净得 2 分子 ATP；同时生成 2 分子 $NADH_2$ 和 2 分子丙酮酸，

EMP 途径是微生物基础代谢的重要途径之一。必须指出，从现象看，似乎只要有源源不断的葡萄糖提供给细胞，它就可产生大量的 ATP、丙酮酸、NADH2。其实不然，因为只要是氧化还原反应，其氧化反应与还原反应两者都是相偶联与平衡的。在细胞内，EMP 途径的第二阶段开始有底物释放电子的氧化反应发生，消耗 2 分子氧化态的 NAD+，产生 2 分子还原态的 NADH2。但若要保持 EMP 途径持续运行，必须有底物吸纳电子与氢而还原，并使 NADH2 氧化再生成氧化态 NAD+，以有足够的氧化型 NAD+ 作为受氢体再循环参与 3- 磷酸甘油醛转化为 1，3- 二磷酸油甘酸的脱氢氧化反应，从而保持氧化还原反应的持续平衡进行，同时不断生成 ATP，以供细胞生命活动中能量之所需。因此，在保证葡萄糖供给的条件下，胞内 $NADH_2$ 氧化脱氢（2e-+2H+）后，受氢体的来源与数量成为 EMP 途径能否持续运行的决定性条件，否则，EMP 途径的运行将受阻。

在微生物中，使 EMP 途径顺畅运行的受氢体主要有以下两类。

一是在有氧条件下，以氧作为受氢体。NADH2 途经呼吸链脱氢氧化，最终生成 H2O 和氧化态 NAD+，而在 $NADH_2$ 途经呼吸链过程中生成 ATP（将在"呼吸作用"一节中详述）。

二是在无氧条件下发酵时，以胞内中间代谢物为受氢体。还原态的 NADH2 被氧化，生成氧化态 NAD+ 和分解不彻底的坏原态中间代谢产物。如在无氧条件下的乳酸细菌中，丙酮酸作为受氢体被还原成乳酸。又如在酵母细胞中，丙酮酸经脱羧生成乙

醛与 CO_2 后，在 NADH2 参与下，乙醛作为受氢体被还原生成乙醇和氧化态 NAD+。在一些肠细菌中还生成多种副产物。

但这一反应必须在 NAD+ 被不断地应用掉或 H_2 不断地离开生成处才能持续进行。

由上可知，微生物在无氧条件下的能量代谢，ATP 的生成以 EMP 途径的第二阶段为主，即丙酮酸后的发酵。没有丙酮酸后的发酵，细胞在无氧条件下的代谢受阻，故难于持续获得生长与代谢需要的能量。

绝大多数微生物都有 EMP 途径，包括大部分厌氧细菌如梭菌、螺旋菌等，兼性好氧细菌如大肠杆菌，以及专性好氧细菌等。

EMP 途径及随后的发酵，除能为微生物的代谢活动提供 ATP 和 NADH2 外，其中间产物又可为微生物细胞的一系列合成代谢提供碳骨架，并在一定条件下可逆转合成多糖。

（2）HMP 途径

HMP 途径（hexose monophospha℃ e pa℃ hway）是从 6- 膦酸葡萄糖为起始底物，即在单磷酸己糖基础上开始降解，故称为单磷酸己糖途径，简称为 HMP 途径。HMP 途径与 EMP 途径密切相关，因为 HMP 途径中的 3- 磷酸甘油醛可以进入 EMP，因此该途径又可称为磷酸戊糖支路。

HMP 途径也可分为以下两个阶段。

第一阶段即氧化阶段：从 6- 磷酸葡萄糖开始，经过脱氢、水解、氧化生成 5- 磷酸核酮糖和二氧化碳。

第二阶段即非氧化阶段：为磷酸戊糖之间的基团转移，缩合（分子重排）使 6- 磷酸己糖再生。

HMP 途径的特点如下；① HMP 途径是从 6- 磷酸葡萄糖酸脱羧开始降解的，这与 EMP 途径不同，EMP 途径是在二磷酸己糖基础上开始降解的。

② HMP 途径中的特征酶是转酮酶和转醛酶。

转酮酶催化下面二步反应：

5- 磷酸木酮糖 +5- 磷酸核糖→ 3- 磷酸甘油 +7- 磷酸景天庚酮糖

5- 磷酸木酮糖 +4- 磷酸赤藓糖→ 3- 磷酸甘油醛 +6- 磷酸果糖

转醛酶催化下面一步反应：

7- 磷酸景天庚酮糖 +3- 磷酸甘油醛→ 4- 磷酸赤藓糖 +6- 磷酸果糖

③ HMP 途径通常只产生 NADPH2，不产生 NADH2。

④ HMP 途径中的酶系定位于细胞质中。

HMP 途径的生理功能主要如下；

①为生物合成提供多种碳骨架。5- 磷酸核糖可以合成嘌呤、嘧啶核苷酸，进一步合成核酸，5- 磷酸核糖也是合成辅酶 [NAD（P），FAD（FMN）和 CoA] 的原料，4- 磷

酸赤藓糖是合成芳香族氨基酸的前体。

② HMP 途径中的 5- 磷酸核酮糖可以转化为 1，5- 二磷酸核酮糖，在羧化酶催化下固定二氧化碳，这对于光能自养菌和化能自养菌具有重要意义。

③为生物合成提供还原力（NADPH）。

在大多数好氧和兼性厌氧微生物中都具有 HMP 途径，并且在同一种微生物中，EMP 和 HMP 途径常同时存在，而单独具有 EMP 或 HMP 途径的微生物较少见。EMP 和 HMP 途径的一些中间产物也能交叉转化和利用，以满足微生物代谢的多种需要。

微生物代谢中高能磷酸化合物如 ATP 等的生成是能量代谢的重要反应，而并非能量代谢的全部。HMP 途径在糖被氧化降解的反应中，部分能量转移，形成大量的 $NADPHM$ ，为生物合成提供还原力，同时输送中间代谢产物。虽然 6 个 6- 磷酸葡萄糖分子经 HMP 途径，能够再生 5 个 6- 磷酸葡萄糖分子，产生 6 分子 CO_2 和 Pi，并产生 12 个 NADPH2，这 12 个 NADPH2 如经呼吸链氧化产能，最终可得到 36 个 ATP。但是 HMP 途径的主要功能是为生物合成提供还原力和中间代谢产物，同时与 EMP 一起，构成细胞糖分解代谢与有关合成代谢的调控网络。

（3）ED 途径

ED 途径（Entner-Doudoroff pathway）是恩纳（Entner）和道特洛夫（Doudoroff，1952 年）在研究嗜糖假单胞菌的代谢时发现的。

在这一途径中，6- 磷酸葡萄糖先脱氢产生 6- 磷酸葡萄糖酸，后在脱水酶和醛缩酶的作用下，生成 1 分子℃磷酸甘油醛和 1 分子丙酮酸。3- 磷酸甘油醛随后进入 EMP 途径转变成丙酮酸。1 分子葡萄糖经 ED 途径最后产生 2 分子丙酮酸，以及净得各 1 分子的 ATP、NADPH2 和 NADH2。

ED 途径的特点有以下几方面。

① 2- 酮 -3- 脱氧 -6- 磷酸葡萄糖酸（KDPG）裂解为丙酮酸和 3- 磷酸甘油醛是有别于其他途径的特征性反应。

② 2- 酮 -3- 脱氧 -6- 磷酸葡萄糖酸醛缩酶是 ED 途径特有的酶。

③ ED 途径中最终产物，即 2 分子丙酮酸，其来历不同。1 分子是由 2- 酮 -3- 脱氧 -6- 磷酸葡萄糖酸直接裂解产生，另 1 分子是由磷酸甘油醛经 EMP 途径获得。这 2 个丙酮酸的羧基分别来自葡萄糖分子的第 1 与第 4 位碳原子。

④ 1mol 葡萄糖经 ED 途径只产生 1mol ATP，从产能效率言，ED 途径不如 EMP 途径。

在革兰氏阴性的假单胞菌属的一些细菌中，ED 途径分布较广，如嗜糖假单胞菌、酮绿假单胞菌、荧光假单胞菌、林氏假单胞菌等。固氮菌的某些菌株中也存在 ED 途径。

（4）WD 途径（含 PK 和 HK 两条途径）

WD 途径是由沃勃（Warburg）、狄更斯（Dickens）、霍克（Horecker）等人发现的，故称 WD 途径。由于 WD 途径中的特征性酶是磷酸解酮酶（phosphoketolase），所以又称磷酸解酮酶途径。根据磷酸解酮酶的不同，又可把具有磷酸戊糖解酮酶的叫 PK 途径，把具有磷酸己糖解酮酶的叫 HK 途径。

肠膜状明串珠菌，就是经 PK 途径利用葡萄糖进行异型乳酸发酵生成乳酸、乙醇和 CO_2。

而两歧双歧杆菌则是利用磷酸己糖解酮酶途径分解葡萄糖产生乙酸和乳酸的。

（5）Stickland 反应

上述 4 条途径均是以糖类为起始底物的代谢途径。而早在 1934 年，L.H.Stickland 就发现某些厌氧梭菌，如生孢梭菌等，可把一些氨基酸当作碳源、氮源和能源。这是以一种氨基酸作为氢供体，另一种氨基酸作为氢受体进行生物氧化并获得能量的发酵产能方式。后将这种独特的发酵类型称为 Stickland 反应。Stickland 反应是经底物水平磷酸化生成 ATP，其产能效率相对较低。在 Stickland 反应中，作为供氢体的有多种氨基酸，如丙氨酸、亮氨酸、异亮氨酸、缬氨酸、组氨酸、苯丙氨酸、丝氨酸和色氨酸等，作为受氢体的主要有甘氨酸、脯氨酸、羟脯氨酸、色氨酸和精氨酸等。

2. 发酵途径中的底物水平磷酸化

在发酵途径中，通过底物水平磷酸化（substrate level phosphorylation，SLP）合成 ATP，是营养物质中释放的化学能转换成细胞可利用的自由能的主要方式。底物水平磷酸化是指 ATP 的形成直接由一个代谢中间产物上的高能磷酸基团转移到 ADP 分子上的作用。

在上述发酵过程中，形成的富能中间产物如磷酸烯醇式丙酮酸、乙酰 CoA 等酰基类物，能够通过底物水平磷酸化形成 ATP。底物水平磷酸化既存在于发酵过程中，也存在于呼吸作用过程的某些步骤中。如在 EMP 途径中，1，3-二磷酸甘油酸转变为 3-磷酸甘油酸以及磷酸烯醇式丙酮酸转变为丙酮酸的过程中，均通过底物水平磷酸化分别产生 1 分子 ATP。在三磷酸循环中，琥珀酰辅酶 A 转变为琥珀酸时通过底物水平磷酸化生成 1 分子高能磷酸化合物 GTP。

3. 微生物发酵代谢的多样性

在无氧条件下发酵时，不同微生物在以糖类为底物的重要代谢途径中，其终端产物或中间产物进一步发酵产能代谢的途径呈现出丰富的多样性，即使同一微生物利用同一底物发酵时也可能形成不同的末端产物。

如酵母菌利用葡萄糖进行的发酵，就可根据不同条件下代谢产物的不同分为三种类型：

Ⅰ型发酵：酵母菌将葡萄糖经 EMP 途径降解生成 2 分子终端产物丙酮酸，后丙酮酸脱羧生成乙醛，乙醛作为氢受体使 NADH2 氧化生成 NAD+，同时乙醛被还原生成乙醇，这种发酵类型称为酵母的Ⅰ型发酵。

在酒精工业上，就是利用酿酒酵母的Ⅰ型发酵，其主要以淀粉等碳水化合物降解后的葡萄糖等可发酵性糖为底物生产酒精的。酿酒酵母细胞从细胞外每输入 1 分子葡萄糖，在无氧条件下，经 EMP 途径及随后的反应，最终生成 2 分子乙醇与 2 分子的 CO_2，并将乙醇与 CO_2 从胞内排出至胞外发酵液中。在酿酒酵母细胞内，这一反应每运行一次便可生成 4 分子 ATP，其中 2 分子在下一轮分别用于第一阶段的第一和第三步的耗能反应，其余 2 分子 ATP 用于细胞生命活动的其他能量需要。而 NAD+ 作为受氢体和氢载体，在 3-磷酸甘油醛氧化生成 1，3-二磷酸甘油酸和乙醛还原生成乙醇这两步反应之间往返循环，推动反应持续进行。同时有大量的热能释放，使发酵液的温度上升。

Ⅱ型发酵：当环境中存在亚硫酸氢钠时，亚硫酸氢钠可与乙醛反应，生成难溶的磺化羟基乙醛，该化合物失去了作为受氢体使 NADH2 脱氢氧化的性能，从而不能形成乙醇，转而使磷酸二羟丙酮替代乙醛作为受氢体，生成 3-磷酸甘油，3-磷酸甘油进一步水解脱磷酸生成甘油，此称为酵母的Ⅱ型发酵。这是利用酵母菌工业化生产甘油的"经典"途径。但实际上，酵母所处环境中的高浓度亚硫酸氢钠可抑制酵母细胞的生长与代谢，致使甘油发酵效率降低。在要求酵母生长代谢活力与甘油发酵效率两者兼顾时，应控制较低浓度的亚硫酸氢钠，这样就可避免 100% 的乙醛与亚硫酸氢钠反应，生成磺化羟基乙醛，而尚有部分乙醛被还原生成乙醇。

Ⅲ型发酵：葡萄糖经 EMP 途径生成丙酮酸，后脱羧生成乙醛，如处于弱碱性环境条件下（pH 7.6），乙醛因得不到足够的氢而积累，2 个乙醛分子间发生歧化反应，1 分子乙醛作为氧化剂被还原成乙醇，另 1 个则作为还原剂被氧化为乙酸。而磷酸二羟丙酮作为 NADH2 的氢受体，使 NAD+ 再生，同时生成甘油。故Ⅲ型发酵的产物为乙醇、乙酸和甘油。

Ⅱ型发酵与Ⅲ型发酵产能较少，一般在非生长情况下才能进行。

许多细菌能利用葡萄糖产生乳酸，这类细菌称为乳酸细菌。根据产物的不同，乳酸发酵也有两种类型，即发酵产物只有乳酸的同型乳酸发酵和发酵产物除乳酸外还有乙酸、乙醇和 CO2 等的异型乳酸发酵。

（二）呼吸产能代谢

在物质与能量代谢中底物降解释放出的高位能电子，通过呼吸链（也称电子传递链）最终传递给外源电子受体 O_2 或氧化型化合物，从而生成 H_2O 或还原型产物并释放能量的过程，称为呼吸或呼吸作用（respiraaction）。在呼吸过程中通过氧化磷酸化合成 ATP。呼吸与氧化磷酸化是微生物特别是好氧性微生物产能代谢中形成 ATP 的主要途径。在呼吸作用中，NAD、NADP、FAD 和 FMN 等电子载体是呼吸链电子传递的参与者。因此，它们在呼吸产能代谢中发挥着重要作用。

呼吸又可根据在呼吸链末端接受电子的是氧还是氧以外的氧化型物质分为有氧呼吸与无氧呼吸两种类型。以分子氧作为最终电子受体的称为有氧呼吸（aerobic respiration），而以氧以外的外源氧化型化合物作为最终电子受体的称为无氧呼吸（anaerobic respiration）。

呼吸作用与发酵作用的根本区别在于：呼吸作用中，电子载体不是将电子直接传递给被部分降解的中间产物，而是与呼吸链的电子传递系统相偶联，使电子沿呼吸链传递，并达到电子传递系统末端交给最终电子受体，在电子传递的过程中逐步释放出能量并合成 ATP。微生物通过呼吸作用分解的有机物种类繁多，包括碳水化合物、脂肪酸、氨基酸和许多醇类等。

1. 呼吸链与氧化磷酸化

呼吸链与氧化磷酸化紧密偶联，在产能代谢中起着不可替代的重要作用。

（1）呼吸链及其组分与分布

电子从 NADH 或 $FADH_2$ 到分子氧的传递所经过的途径称为呼吸链（respiratory chain），也称电子传递链（electron transport chain）。呼吸链主要由蛋白质复合体组成，大致分为 4 个部分，分别称为 NADH-Q 还原酶（NADH-Q reductase）、琥珀酸 -Q 还原酶（succinate-Q reductase）、细胞色素还原酶（cytochrome reductase）和细胞色素氧化酶（cytochrome oxidase）。

复合体Ⅱ（complex Ⅱ）是琥珀酸 -Q 还原酶，是位于线粒体内膜的酶蛋白。完整的酶还包括柠檬酸循环中使琥珀酸氧化为延胡索酸的琥珀酸脱氢酶。$FADH_2$ 为该酶的辅基，在传递电子时，$FADH_2$ 将电子传递给琥珀酸脱氢酶分子的铁—硫蛋白。电子经过铁—硫蛋白又传递给 CoQ，从而进入了电子传递链。

复合体Ⅲ（complex Ⅲ）为细胞色素还原酶，又称辅酶 -Q 细胞色素 c 还原酶（coenzyme Qcytochrome reductase）、细胞色素 bc1 复合体（cytochrome bc1 complex）或简称 bc1 等。除了极少数的专性厌氧微生物（obligate anaerobes）外，细胞色素几乎存在于所有的生物体内。细胞色素还原酶通过接受和送走电子的方式传递高势能的电子。

复合体Ⅳ（complex Ⅳ）为细胞色素氧化酶。细胞色素氧化酶又称为细胞色素 c 氧化酶（cytochrome c oxidase）。其功能是接受细胞色素 c 传过来的电子并最终交给氧，再经过一系列反应生成 H_2O。

在真核微生物中，呼吸链的成分大多位于线粒体内膜上，在原核生物中位于细胞质膜上。

（2）电子传递与 ATP 合成部位

电子传递和形成 ATP 的偶联机制称为氧化磷酸化（oxidative phosphorylation）或称电子转移磷酸化（electron transfer phosphorylation，ETP）。氧化磷酸化是电子在沿着电子传递链传递过程中所伴随的，将 ADP 磷酸化而形成 ATP 的过程。

以 NADH 为起端的电子传递链上，释放自由能的部位有 3 处：由复合体 I 将 NADH 放出的电子经 FMN 传递给 CoQ 的过程是第 1 个 ATP 合成部位；第 2 个部位是复合体Ⅲ，它将电子由 CoQ 传递给细胞色素 c 的过程中合成 ATP；第 3 个 ATP 合成部位是复合体Ⅳ，它将电子从细胞色素 c 传递给氧的过程中合成 ATP。

（3）ATP 合成与 ATP 合成酶

ATP 合成是一个复杂的过程。ATP 的合成是由一个位于线粒体、细菌内膜上的 ATP 酶来完成的。这个复合体最初被称为线粒体 ATP 酶（mitochondrial ATPase）或称为 H-ATP 酶（H+-ATPase），现被称为 ATP 合成酶（ATP synthase，ATPase）。ATP 合成酶和电子传递酶类不同。电子传递所释放出的自由能必须通过 ATP 合成酶转换成可保存的 ATP 形式，这种能量的保存和 ATP 合成酶对它的转换过程称为能量偶联（energy coupling）或能量转换（energy conversion）。

（4）微生物中呼吸链的多样性

微生物作为生物三大类群之一，它是一个种类极其繁多的生物世界，而且某些种类的进化程度差异比较大。这种根本的差异在呼吸链组成与结构等方面有所体现。尤其是异养与自养这两大类微生物的呼吸链组成与结构在某些种属间有明显的不同，如真核微生物酵母菌具有组成与结构完整的呼吸链，而一些有氧或无氧呼吸获得能量的自养微生物中的某些代谢类型，其呼吸链较短，有的甚至只有 1~2 类氧化还原酶系组成，它们把简单的无机物作为电子供体，而这些电子供体可直接与位于细胞质膜中的呼吸链组分偶联传递电子，进行氧化磷酸化生成 ATP。其呼吸链组分不全，长度较短，结果是氧化磷酸化生成 ATP 的偶联位少，因此，电子流经呼吸链时产能少，其根本原因是它们所能利用的无机电子供体所载有的能量大多数较少，这是导致自养型微生物生长比较缓慢的重要原因。

2.有氧呼吸产能途径

有氧呼吸也称好氧呼吸，它是最为普遍的生物氧化产能方式。微生物能量代谢中的有氧呼吸可根据呼吸基质即能源物质的性质分为两种类型：一是主要以有机能源物质为呼吸基质的化能异养型微生物中存在的有氧呼吸；二是以无机能源物质为呼吸基质的化能自养型微生物的有氧呼吸。这两种类型的呼吸作用的共同特点是它们的最终电子受体均为氧。

（1）以有机物为呼吸基质的有氧呼吸

常见的异养微生物最易利用的能源和碳源有葡萄糖等。葡萄糖经 EMP 途径酵解形成的丙酮酸，可在无氧的条件下经发酵转变成不同的发酵产物，如乳酸、乙醇和 CO2 等，并产生少量能量。但在环境有氧的条件下，细胞行有氧呼吸，丙酮酸先转变为乙酰 CoA（acetyl-coenzyme A，acetyl-CoA），随即进入三羧酸循环（Tricarboxylic acid cycle，简称 TCA 循环），然后被彻底氧化生成 CO2 和水，同时释放大量能量。

从 TCA 循环图与电子传递链产能反应可见，1 分子丙酮酸经 TCA 循环而被彻底氧化，共释放出 3 分子 CO2，生成 4 分子的 NADH2 和 1 分子的 FADH2，通过底物水平磷酸化产生 1 分子的 GTP。而每分子 NADH2 经电子传递链，最后通过氧化磷酸化产生 3 分子 ATP，每分子 FADH2 经电子传递链通过氧化磷酸化产生 2 分子 ATP。因此，1 分子的丙酮酸经有氧呼吸彻底氧化，从而生成 ATP 分子的数量为 $=4 \times 3+1 \times 2+1=15$。

微生物行有氧呼吸时，葡萄糖的利用首先经 EMP 途径生成 2 分子丙酮酸，并经底物水平磷酸化产生 4 分子 ATP 和 2 分子 NADH2。在有氧条件下，EMP 途径中生成 2 分子 $NADH_2$ 可进入电子传递链，经氧化磷酸化产生 6 分子 ATP。因此，在有氧条件下，微生物经 EMP 途径与 TCA 循环，通过底物水平磷酸化与氧化磷酸化，彻底氧化分解 1mol 葡萄糖，共产生 40mol ATP。但在 EMP 途径中，葡萄糖经 2 次磷酸化生成 1，6- 二磷酸果糖的过程中有 2 步为耗能反应，共消耗了 2 分子 ATP，故净得 38mol ATP。

已知 ATP 水解为 ADP 释放的能量约为 31.8kJ/mol，故 1mol 葡萄糖被彻底氧化时约有 1208kJ（31.8kJ × 38）的能量被转储于 ATP 的高能磷酸键中。1mol 葡萄糖被彻底氧化为 CO_2 和 H_2O 可释放的总能量约为 2822kJ。因此好氧微生物可通过有氧呼吸利用葡萄糖，其能量利用效率约为 43%，其余的能量以热能等形式消散。可见，生物机体在有氧条件下的能量利用效率极高。

（2）以无机物为呼吸基质的有氧呼吸

好氧或兼性的化能无机自养型微生物能从无机化合物的氧化中获得能量。它们能以无机物如 NH_4^+、NO_2^-、H_2S、SO、H_2 和 Fe^{2+} 等为呼吸基质，把它们作为电子供体，氧为最终电子受体，电子供体被氧化后释放的电子，经过呼吸链和氧化磷酸化合成 ATP，为还原同化 CO_2 提供能量。因此，化能自养菌一般是好氧菌。这类好氧型的化能无机自养型微生物分别属于氢细菌、硫化细菌、硝化细菌和铁细菌等。它们广泛分布在土壤和水域中，并对自然界的物质转化起着重要的作用。

化能自养微生物对底物的要求具有严格的专一性，即用作能源的无机物及其代谢途径缺乏统一性。如硝化细菌不能氧化无机硫化物，同样，硫化细菌也不能氧化氨或亚硝酸。

上述各种无机化合物不仅可作为最初的能源供体，而且其中有些底物（如NH_4^+、H_2S、H_2 等）还可作为质子供体，通过逆呼吸链传递方式形成用于还原 CO_2 的还原力（$NADH_2$），但这个过程需要提供能量，是一个消耗 ATP 的反应。

与异养微生物比较，化能自养微生物的能量代谢有以下 3 个主要特点：①无机底物的氧化直接与呼吸链相偶联。即无机底物由脱氢酶或氧化还原酶催化脱氢或脱电子后，随即进入呼吸链传递，这与异养微生物对葡萄糖等有机底物的氧化要经过一条途径逐级脱氢有明显差异。②呼吸链更具多样性，不同的化能自养微生物呼吸链组成分与长短往往不一。③产能效率（即 P/O）通常低于化能异养微生物。

各种无机底物的氧化与呼吸链相偶联的具体位点，决定于被氧化无机底物的氧化还原电位。不同的无机底物，其氧化后释放的电子进入呼吸链的位置也会不同。上述这些还原态无机物中，除了 H_2 的氧化还原电位比 NAD+/NADH 对稍低外，其余都明显高于它。因此，化能自养微生物呼吸链氧化磷酸化效率（P/O 比）比较低。

3. 无氧呼吸产能途径

无氧呼吸也称厌氧呼吸。某些厌氧和兼性厌氧微生物在无氧条件下能进行无氧呼吸。在无氧呼吸中，作为最终电子受体的物质不是分子氧，而是 NO_3^-、NO_2^-、SO_4^{2-}、$S_2O_3^{2-}$、CO_2 等这类外源含氧无机化合物。与发酵不同，无氧呼吸也需要细胞色素等电子传递体，并在能量分级释放过程中伴随有氧化磷酸化作用而生成 ATP，所以也能产生较多的能量。但由于部分能量在没有充分释放之前就随电子传递给了最终电子受体，故产生的能量比有氧呼吸少。

在无氧呼吸中，作为能源物质的呼吸基质一般是有机物，如葡萄糖、乙酸等，通过无氧呼吸也可被彻底氧化成 CO_2，并伴随有 ATP 的生成。

（三）光合作用与光合磷酸化

光合作用是自然界一个极其重要的生物学过程，其实质是通过光合磷酸化将光能转变成化学能，用于还原 CO_2 合成细胞物质。光能营养微生物（phototrophs）除藻类外，还包括蓝细菌、紫细菌、绿细菌和嗜盐菌等光合细菌（photosymhetic bacteria）。它们利用光能维持生命，同时为其他生物（如动物和异养微生物）提供赖以生存的有机物。

光能营养微生物的光合作用有两种类型：一种与高等植物类同；另一种则具有细菌特点。

在植物、藻类和蓝细菌的光合作用中，还原 CO_2 的电子来自水的光解，并伴有氧的释放，这类光合作用称为放氧型光合作用。在光合细菌中，光合作用还原 CO_2 的电子来自还原型无机硫、氢或有机物，无氧的释放，把这种类型的光合作用称为非放氧型光合作用。

光合磷酸化是叶绿素（chlorophyll，Chl）或菌绿素（bacteriochlorophyll，Bchl）的光反应中心接受光能被激发而放出电子，在循环或非循环的电子传递系统中，一部分能量被用于合成 ATP 的过程。

第三节　微生物细胞物质的合成

营养物质的分解与细胞物质的合成是微生物生命活动的两个主要方面。微生物从物质氧化或从光能转换过程中获得能量，其主要用于营养物质的吸收、细胞物质的合成与代谢产物的合成和分泌、机体的运动、生命的维持，还有一部分能量用于发光与产生热。

能量、还原力与小分子前体碳架物质是细胞物质合成的三要素。微生物细胞物质合成中的还原力主要是指 NADH2 和 NADPH2。微生物在发酵与呼吸过程中都可产生这两种物质。小分子前体碳架物质通常指糖代谢过程中产生的中间体碳架物质，指不同个数碳原子的磷酸糖（如磷酸丙糖、磷酸四碳糖、磷酸五碳糖、磷酸六碳糖等）、有机酸（如 α- 酮戊二酸、草酰乙酸、琥珀酸等）和乙酰 CoA 等。这些小分子前体碳架物质主要是通过 EMP、HMP 和 TCA 循环等途径产生，然后又在酶的作用下，通过一系列反应合成氨基酸、核苷酸、蛋白质、核酸、多糖等细胞物质，使细胞得以生长与繁殖。

一、多糖的生物合成

微生物细胞多糖由许多单糖构成，而这些所需的单糖通常是直接从生活环境中吸收。例如微生物细胞中的半乳糖、甘露糖、戊糖、葡萄糖胺或葡萄糖醛酸等都可以由葡萄糖衍生而成。对于自养型微生物和甲基营养型细菌来说，所需单糖可以通过 CO_2 和甲醛吸收途径再进一步转化而来。许多微生物能从葡萄糖合成淀粉、肝糖原或其他多糖。在此过程中首先形成磷酸葡萄糖，然后脱去磷酸基团多聚化形成多糖。

多糖的合成通常是以核苷二磷酸糖（如尿苷二磷酸葡萄糖）作为起始物，逐步加到多糖链的末端，最终使糖链延长。

原核微生物细胞壁的重要组分是肽聚糖，它是一种异型多糖。肽聚糖的单体是在细胞内合成的，然后通过膜，在膜外合成肽聚糖，聚合作用所需的酶位于细胞膜上。

肽聚糖的合成，比同型多糖的合成要复杂得多。各类细菌合成肽聚糖的过程基本相同，一般可以分为下面几个步骤：

（1）UDP-Ⅳ-乙酰葡萄糖胺和 UDP-N-乙酰胞壁酸肽的合成

UDP-N-乙酰胞壁酸合成后，组成短肽的五个氨基酸按 L-丙氨酸、D-谷氨酸、L-赖氨酸、D-丙氨酸的顺序逐步加到 UDP-N-乙酰胞壁酸上，最终形成 UDP-N-乙酰胞壁酸肽。

（2）肽聚糖亚单位二肽的合成 UDP-N-乙酰胞壁酸肽合成后，肽聚糖的合成反应由细胞质转到细胞膜上的载体脂磷酸上，生成 UDP-N-乙酰胞壁酸肽载体脂焦磷酸，同时释放出 UMP。然后 UDP-N-乙酰葡萄糖胺转到胞壁酸上，生成双糖肽载体脂焦磷酸。

（3）肽聚糖亚单位转接到细胞壁的生长点上

通过载体脂帮助，双糖肽由细胞膜内表面转到膜的外表面，然后再进一步输送到细胞壁生长点上，放出载体脂焦磷酸。载体脂焦磷酸脱去一个磷酸，变成一个有生物活性的载体脂磷酸参与下一步合成双糖肽的反应。这步反应可被抗生素杆菌肽所抑制。

（4）通过转肽反应形成完整的肽聚糖分子

多个肽聚糖亚单位连到细胞壁上之后，通过转肽反应，使短肽链之间相互连接起来形成一个完整的网状结构，并释放出一个 D-丙氨酸，这步反应可被青霉素所抑制。由于青霉素对转肽作用能产生抑制作用，因而对正处于生长阶段的细菌来说会使其细胞壁的渗透性裂解，使细胞死亡。但青霉素对处于静息的细胞无抑制和杀灭作用。在肽聚糖合成中，载体脂是一种重要的载体，它是一种十一异戊烯醇经磷酸化后生成的有活性的载体脂，现发现它主要存在于细胞壁合成的生长点上，这表明它在细胞壁合成中起着重要作用。

二、细胞类脂成分的合成

（一）脂肪酸的合成

已发现在细菌中有几十种脂肪酸，但每一种细菌一般只含有几种脂肪酸。大多数细菌的脂肪酸含有偶数碳原子，脂肪酸链长度在 $C_{14} \sim C_{18}$。在脂肪酸合成过程中，一种对热与酸都稳定的酰基载体蛋白（ACP-SH）参与了脂肪酸合成的全过程。丙酮酸代谢进入三羧酸循环的第一个产物是乙酰 CoA，乙酰 CoA 和其他酰基 CoA 和酰基载体蛋白反应产生 CoA 和酰基 -S-ACP。

（二）磷脂的合成

磷脂是细胞膜的主要成分。它由脂肪酸和糖酵解的中间产物磷酸二羟丙酮合成。

（三）聚 –β– 羟基丁酸的合成

在许多原核微生物中，以聚 -β- 羟基丁酸作为能量和碳源贮藏库。它是脂肪代谢过程中形成的 β- 羟基丁酸聚合生成的。

三、氨基酸和其他含氮有机物的合成

蛋白质、核酸是分别是由氨基酸、核苷酸组成的一大类含氮大分子有机物。这些含氮有机物中的氮原子，可来自有机与无机含氮化合物，也可来自大气中的分子氮。

（一）氨的同化和氨基酸的合成

氨的同化途径是先合成谷氨酸（或谷氨酰胺）、丙氨酸和天冬氨酸，然后由这几种氨基酸作为氨基供体，再合成其他氨基酸。例如氨与酮戊二酸结合，形成谷氨酸。

谷氨酸脱氢酶（GDH）有两种：NAD-GDH 和 NADP-GDH。谷氨酸和其他不含氮有机酸交换氨基可以形成多种氨基酸，称为转氨基作用。

L- 谷氨酸 + 丙酮酸→ α- 酮戊二酸 + 丙氨酸

L- 谷氨酸 + 草酰乙酸→ α- 酮戊二酸 +L- 天冬氨酸

L- 谷氨酸 + 苯丙酮酸→ α- 酮戊二酸 +L- 苯丙氨酸

多种微生物可经上述类似反应从谷氨酸合成所需的各种氨基酸，有些种类或突变株则因缺乏某种或某几种必需的酶，故不能合成一种或几种氨基酸，因此培养基中有无相应的氨基酸就成为它们能否生长的关键。

（二）硝酸和 N2 的同化

NO_3 是多种植物和微生物的良好氮素养料，NO_3 首先通过同化型硝酸还原作用还原成 NH_3，再进入含氮有机化合物的合成作用。

N_2 通过生物固氮作用还原为氨，这是原核固氮微生物特有的生理功能，生物固氮在自然界氮素物质转化和农业生产中具有重要意义。

（三）核苷酸的合成

核苷酸在生物体内主要用于合成核酸和参与某些酶的组成，它由碱基、核糖和磷酸三部分组成。核糖部分是从 1- 焦磷酸 -5- 磷酸核糖（PRPP）产生，后者又从糖代谢的 HMP 途径产生。

HMP 途径→ 5- 磷酸核糖

PRPP 经过一系列酶的催化合成作用产生先次黄嘌呤核苷酸（IMP），再产生腺嘌呤核苷酸和鸟嘌呤核苷酸。

嘧啶核苷酸也是从 PRPP 产生的，首先是：

天冬氨酸 + 氨甲基磷酸→嘧啶碱

嘧啶碱 +PRPP →磷酸乳清核苷酸（OMP）

再从 OMP 产生尿嘧啶和胞嘧啶：

OMP → UMP → HJDP → UTP → CTP

以上是构成四种主要核糖核苷酸（ATP，GTP，UTP，CTP）的简要途径。

三种脱氧核糖核苷酸是从核糖核苷酸还原产生的：

ADP → dADP → dATP

GDP → dGDP → dGTP

CDP → dCDP → dCTP

另外一种胸腺嘧啶脱氧核糖核苷酸则是从尿嘧啶核糖核苷酸经过一系列复杂的过程产生的。

四、核酸的合成

核酸是一类与生物遗传信息贮存与传递密切相关的大分子化合物。核酸有两类：一类是脱氧核糖核酸（DNA），另一类是核糖核酸（RNA）。DNA 以四种脱氧核糖核苷酸（A，G，U，C）为基本单位，RNA 则以四种核糖核苷酸（A，G，U，C）为基本单位，两者都是通过 3，5- 磷酸二酯键连接起来的大分子化合物。

五、多肽和蛋白质的合成

（一）mRNA 和"三联体"遗传密码

多个氨基酸连接形成多肽。特定多肽的生物合成除需要肽酶的酶促作用外，还需要三种核糖核酸（RNA）起作用：一种是信使核糖核酸（mRNA）；一种是转移核糖核酸（tRNA）；一种是核蛋白体（或称核糖体）核糖核酸（rRNA）。特定的多肽是由多种氨基酸以一定的顺序排列连接而成的。连接顺序是以特定的 mRNA 片段为模板的，特定的 mRNA 片断含有四种核糖核苷酸，简称 A、G、U、C。实验证明这四种核糖核苷酸中任何三种都能够连接起来构成"三联体"。一条 mRNA 由许多个"三联体"连接而成，每个"三联体"都代表一种氨基酸的遗传密码。因此，mRNA（和相应的 DNA）链上"三联体"的排列顺序是多肽合成的遗传密码。"三联体"中存在起始密码与终止密码，它们分别是一个多肽合成的起始与终止信息。mRNA 不与氨基酸直接连接，它们通过℃ RNA 介导，使 mRNA 上的特定遗传信息与相应氨基酸对接，从而完成遗传信息的逐步转移。

（二）tRNA 的作用

tRNA 是 75 ~ 85 个核苷酸连接形成的核糖核酸，它的两端构造和功能是不同的。一端能和氨基酸连接，形成氨酰 -tRNA，另一端有由三个核苷酸组成的反密码子，它决定能否与特定的 mRNA 的相应"三联体"连接。

tRNA 上组成反密码子的核苷酸和 mRNA 的"三联体"以 A·U 和 G·C 对应的方式配对连接。这样，使本来在细胞质中游离的氨基酸通过特定的℃ RNA 的介导与 mRNA 的相应密码子连接。

第四节　微生物的次级代谢

次级代谢（secondary metabolism）也称次生代谢，是存在于某些生物（如植物和某些微生物等）中的一类特殊类型代谢。这些生物通过次级代谢可以合成各种各样的次级代谢产物。次级代谢产物（secondary metabolites）同人类的生活密不可分。

一、初级代谢与次级代谢

初级代谢（primary metabolism）是一类主要发生在生长繁殖期的普遍存在于一切生物中的代谢类型。次级代谢是某些生物为了避免在初级代谢过程中某种中间产物积累所造成的不利作用或外环境因素胁迫下而产生的一类有利于生存的代谢类型。因此也可以认为次级代谢是某些生物在一定条件下通过突变获得的一种适应生存的方式。通过次级代谢合成的产物通常称为次级代谢产物。

次级代谢与初级代谢是一个相对的概念，两种代谢既有区别又有联系，它们的区别主要表现在以下几方面：

（1）次级代谢只存在于某些生物当中，而且代谢途径和代谢产物因生物不同而不同，即使是同种生物也会因营养和环境条件不同而产生不同的次级代谢产物。而初级代谢是一类普遍存在于各类生物中的基本代谢类型，其代谢途径与产物的类同性强。

（2）次级代谢产物对于产生者本身不是机体生存所必需的物质，即使在次级代谢过程的某个环节上发生障碍，也不会导致机体生长的停止和死亡，通常是影响机体合成某种次级代谢产物的能力。而初级代谢产物如单糖或单糖衍生物、核苷酸、脂肪酸等单体以及由它们组成的各种大分子聚合物如核酸、蛋白质、多糖、脂类等通常都是机体生存必不可少的物质，只要这些物质合成过程的某个环节上发生障碍，轻则表现为生长缓慢，重则导致生长停止、机体发生突变甚至死亡等。

（3）次级代谢通常在微生物的指数生长期末期或稳定期才出现，它与机体的生长往往不呈现平行关系，而是明显地分为机体的生长期和次级代谢产物形成期两个不同时期。

初级代谢则自始至终存在于一切生活的机体之中，它同机体的生长过程基本呈平行关系。

（4）次级代谢产物虽然也是从少数几种初级代谢过程中产生的中间体或代谢产物衍生而来，但它的骨架碳原子的数量与排列上的微小变化，或氧、氮、氯、硫等元素的加入，或在产物氧化水平上的微小变化都可以导致产生各种各样的次级代谢产物，并且每种类型的次级代谢产物往往是一群化学结构非常相似但成分不同的混合物。例如目前已知新霉素有 4 种，杆菌肽有 10 种，多黏菌素有 10 种，放线菌素有 20 多种等。这些次级代谢产物通常被机体分泌到胞外，它们虽然不是机体生长与繁殖所必需的物质，但它们与机体的分化有一定的关系，并在同其他生物的生存竞争中起着重要作用，而且它们中有许多对人类健康和国民经济的发展具有重要影响。而初级代谢产物的性质与类型在各类生物里相同或基本相同。如 20 种氨基酸、8 种核苷酸以及由它们聚合而成的蛋白质、核酸等在不同生物中其本质基本相同，在机体的生长与繁殖上起着重要而相似的作用。

（5）机体内两种代谢类型在对环境条件变化的敏感性或遗传稳定性上有明显不同。次级代谢对环境条件变化很敏感，其产物的合成往往会因环境条件变化而受到影响。而初级代谢对环境条件变化的敏感性相对较小，较为稳定。

（6）催化次级代谢产物合成的某些酶专一性较弱。因此在某种次级代谢产物合成的培养基里加进不同的前体物时，往往会导致机体合成不同种类的次级代谢产物，这或许是某些次级代谢产物为什么是由许多混合物组成的原因之一。例如在青霉素发酵中可以通过加入不同前体物的方式合成不同类型的青霉素。另外催化次级代谢产物合成的酶通常都是一些诱导酶，它们是在产生菌指数生长期末期或稳定生长期中，由于某种中间产物积累而诱导机体合成一种能催化次级代谢产物合成的酶。这些酶通常因环境条件变化而不能合成。相对而言，催化初级代谢产物合成的酶专一性和稳定性较强。

次级代谢与初级代谢之间的联系非常密切，具体表现为次级代谢以初级代谢为基础。因为初级代谢可以为次级代谢产物合成提供前体物，为次级代谢产物合成提供所需要的能量，而次级代谢则是初级代谢在特定条件下的继续和发展，避免初级代谢过程中某种（或某些）中间体或产物过量积累对机体产生的毒害作用。另一方面初级代谢产物合成中的关键性中间体也是次级代谢产物合成中的重要中间体物质，如乙酰CoA、莽草酸、丙二酸等都是许多初级代谢产物和次级代谢产物合成的中间体物质。初级代谢产物如半胱氨酸、缬氨酸、色氨酸、戊糖等通常是一些次级代谢产物合成的前体物质。

二、次级代谢产物的类型

目前就整体来说，对次级代谢产物的研究远远不及对初级代谢产物研究那样深入。与初级代谢产物相比，次级代谢产物无论在数量上还是在产物的类型上都要比初级代谢产物多且较复杂。迄今对次级代谢产物分类还无统一的标准。根据次级代谢产物的结构特征与生理作用，次级代谢产物可大致分为抗生素、生长刺激素、色素、生物碱与毒素等不同类型。

（一）抗生素

抗生素是对其他种类微生物或细胞能产生抑制或致死作用的一大类有机化合物。它是由生物合成或半合成的次级代谢产物。虽然对产生菌本身有无生理作用还不十分明确，但它们能在细胞内积累或分泌到胞外，并能抑制其他微生物的生长甚至杀死它们，因而这类物质在产生菌与其他微生物的生存竞争中，在防治人类、动物的疾病与植物的病虫害上起着重要作用。目前发现的抗生素已有10000多种，其中有一部分在医学临床与农、林、畜牧业生产上已得到广泛应用。由点青霉产生的青霉素是20世纪30年代发现的第一种抗生素。放线菌中能产生抗生素的种类最多，目前医疗上广泛应用的链霉素、红霉素、庆大霉素、金霉素、土霉素、制霉菌素等都是由放线菌类群的一些种，这些主要是链霉菌属成员产生的。

（二）生长刺激素

生长刺激素主要是由植物和某些细菌、放线菌、真菌等微生物合成并能刺激植物生长的一类生理活性物质。赤霉素就是由引起水稻恶苗病的藤仓赤霉产生的一种不同类型赤霉素的混合物，是农业上广泛应用的植物生长刺激素，尤其在促进晚稻在寒露来临之前抽穗方面具有显著功效。青霉属、丝核菌属和轮枝霉属的一些种也能产生类似赤霉素的生长刺激性物质。此外，在许多霉菌、放线菌和细菌（包括假单胞菌、芽孢杆菌和固氮菌等）的培养液中积累有吲哚乙酸和萘乙酸等生长素类物质。

（三）维生素

在这里，维生素是指某些微生物在特定条件下合成远远超过产生菌本身正常需要的那部分维生素。维生素是生理学上的概念，并不是化学上的同类物质。丙酸细菌、芽孢杆菌和某些链霉菌与耐高温放线菌在培养过程中可以积累维生素 B12；某些分枝杆菌能利用碳氢化合物合成吡哆醛与烟酰胺；某些假单胞菌过量能合成生物素；某些醇酸细菌能过量合成维生素 C；各种霉菌能够不同程度地积累核黄素等；酵母菌类细胞中除含有大量硫胺素、核黄素、烟酰胺、泛酸、吡哆素以及维生素 B12 外，还含有各种固醇，其中麦角固醇是维生素 D 的前体，经紫外线光照射，即能转变成维生素 D。目前医药上应用的各种维生素主要是用各种微生物生物合成后提取的。

（四）色素

色素是指由微生物在代谢中合成的积累在胞内或分泌于胞外的各种呈色次生代谢产物。例如灵杆菌和红色小球菌细胞中含有花青素类物质，使菌落出现红色。放线菌和真菌产生的色素分泌于体外时，从而使菌落底面的培养基呈现紫、黄、绿、褐或者黑色等。积累于体内的色素多在孢子、孢子梗或孢子器中，使菌落表面呈现各种颜色。红曲霉产生的红曲素，使菌体呈现紫红色，并分泌于体外。

（五）毒素

对人和动植物细胞有毒杀作用的一些微生物次生代谢产物称为毒素。毒素大多是蛋白质类物质，例如毒性白喉棒状杆菌产生的白喉毒素、破伤风梭菌产生的破伤风毒素、肉毒梭菌产生的肉毒毒素等。其他许多病原细菌如葡萄球菌、链球菌、沙门氏杆菌、痢疾杆菌等也都产生各种外毒素和内毒素。杀虫细菌如苏云金杆菌能产生包含在细胞内的伴孢晶体，它是一种分子结构复杂的蛋白质毒素。真菌中产生毒素的种类也很多，很多种蕈子是有毒的，曲霉属中也有一些产毒素的种，如黄曲霉产生黄曲霉毒素等。

（六）生物碱

虽然生物碱大部分由植物合成，但某些霉菌合成的生物碱如麦角生物碱，即属于次生代谢产物。麦角生物碱在临床上主要用作防止产后出血、治疗交感神经过敏、周期性偏头痛和降低血压等疾病的药物。

第五节　微生物代谢的调控

正常机体或细胞所进行的分解代谢与合成代谢是相互协调统一的，并具有相对的稳定性，无论是分解代谢还是合成代谢，均能做到既不过量，也不缺失。这是因为正常机体或细胞具有一整套极为灵敏、可塑性强和精确性高的自我代谢调节或调控（regulation of metabolism）系统，从而保证细胞内数以千计的极其复杂的生化反应能准确无误、有条不紊地进行。

研究了解微生物细胞的代谢调控机制，可为更好地改变或控制微生物细胞的代谢向着人为设定的方向和要求进行理论基础提供与实践指导。现代微生物发酵工程技术能在食品、化工、医药、环保等领域能发挥重大作用，一定程度上就是得益于对微生物的基本代谢规律的了解和代谢的人为改变与控制。

目前已知，微生物的代谢调控发生在 DNA 的复制，基因的转录、翻译与表达，酶的激活或活性抑制等多个水平上。也有在细胞（细胞壁与细胞膜）水平上的调节。调控的进行还常表现为多水平的协同作用，如 E.coli 利用乳糖就是多层次协同代谢调控的代表之一。关于代谢调控在生物化学、分子生物学、遗传学等多门课程中均有所讨论。作为一门应用性较强的学科，微生物学对代谢调控的研究侧重在发酵工程应用领域，如初级代谢中的酶合成与酶活性的调节，通过改变细胞壁与细胞膜的通透性的调节，以及次级代谢产物的诱导与碳、氮、磷等营养物质的调节等。

一、初级代谢的调控机制和调控解除

产生初级代谢产物的代谢称为初级代谢。微生物在生长期产生的对自身生长和繁殖必需的产物称为初级代谢物（primary metabolites）。初级代谢是细胞维持生命活动最基本的必需代谢，包括糖、脂、蛋白质等物质的降解与产能的分解代谢，及以分解代谢为基础的细胞生长发育所必需的合成与耗能代谢。

细胞代谢中生化反应的进行都是以酶的催化为基础的。酶量的有无与多少、酶活性的高低是一个反应能否进行与反应速率高低的决定性因素。因此，对催化某个具体反应的酶的合成与活性的调节，即可调控该步生化反应。在这里，酶量的有无与多少的调节主要是指发生在基因表达水平上的以反馈阻遏与阻遏解除为主的调节。酶活性的调节主要是指发生在酶分子结构水平上的调节，包括酶的激活和抑制两个方面。在代谢调节中，酶活性的激活是指在分解代谢途径中，后步的反应可被较前面的中间产物所促进，称为前体激活。酶活性的抑制是反馈抑制（feedback inhibition），主要表现在某代谢途径的末端产物（即终产物）过量时，这个产物可反过来直接抑制该途径中关键酶的活性，促使整个反应减慢或停止，从而避免末端产物的过多累积。反馈抑制具有作用直接、快速以及当末端产物浓度降低时又可自行解除等特点。

（一）氨基酸生物合成的反馈抑制调节

1.单一终端产物途径的反馈抑制

在由苏氨酸合成异亮氨酸时，终产物（E）异亮氨酸过多可抑制途径中第一个酶——苏氨酸脱氨酶的活性，从而导致异亮氨酸合成停止，这是一种较为简单的终端产物反馈抑制方式。

2.多个终端产物对共同途径同一步反应的协同反馈抑制

合成途径的终端产物 E 和 H 既抑制在合成过程中共同经历途径的第一步反应的第一个酶，也抑制在分支后第一个产物的合成酶。如谷氨酸形成在谷氨酰胺的第 1 步反应中起催化作用的酶，即谷氨酰胺合成酶受到 8 种产物的反馈抑制。谷氨酰胺合成酶是催化氨转变为有机含氮物的主要酶。该酶活性受到机体对含氮物需求状况的灵活控制。大肠杆菌的谷氨酰胺合成酶结构及其调控机制已得到阐明。该酶由相对分子质量为 51600 的 12 个相同的亚基对称排列成 2 个六面体环棱柱状结构。其活性受到复杂的反馈控制系统以及共价修饰调控。已知有 8 种含氮物以不同程度对该酶发生反馈别构抑制效应。而且每一种都有自己与酶的结合部位。这 8 种含氮物是葡萄糖胺 -6-磷酸、色氨酸、丙氨酸、甘氨酸、组氨酸、胞苷三磷酸、AMP 及氨甲酰膦酸。谷氨酰胺合成酶的调节机制是氨基酸生物合成调控机制复杂性的典型例子。

3. 不同分支产物对多个同工酶的特殊抑制

不同分支产物对多个同工酶的特殊抑制，也称酶的多重性抑制（enzyme multiplicity feedback inhibition）。如 A 形成 B 由两个酶分别合成，两个酶分别受不同分支产物的特殊控制。两个分支产物又分别抑制其分道后第一个产物 E 和 F 的形成。由赤藓糖 -4- 磷酸和磷酸烯醇式丙酮酸形成 3 种芳香族氨基酸的途径中可见这种多重性抑制。

4. 连续反馈控制

连续反馈控制（sequential feedback control）又称连续产物抑制（sequential end product inhibition）或逐步反馈抑制（step feedback inhibi℃ion）。反应途径的终端产物 E 和 H 只分别抑制分道后分支途径中第一个酶 e 和 f 的活性。共经途径的终端产物 D 抑制全合成过程第一个酶的作用。这种抑制的特点是由于 E 对 e 酶的抑制致使 D 产物增加，D 的增加促使反应向 D → F → G → H 方向进行，使产物 H 增加，而 H 又对酶 F 产生抑制，结果也造成 D 物质的积累，D 物质反馈抑制 3 酶的作用，最终使 A → B 的速度减慢。

枯草芽孢杆菌的芳香族氨基酸生物合成的反馈抑制就属于这种类型。

色氨酸、酪氨酸、苯丙氨酸分支途径的第一步都分别受各自终产物的抑制。这 3 种终端产物都过量，则分支酸积累。分支点中间产物积累使共经途径催化第一步反应的酶受到反馈抑制，从而抑制赤藓糖 -4- 磷酸和磷酸烯醇式丙酮酸的缩合反应。

以天冬氨酸为底物合成赖氨酸、甲硫氨酸、异亮氨酸的过程就会出现各种类型的抑制现象。

但是，并非所有氨基酸的生物合成都受最终产物的反馈抑制，丙氨酸、天冬氨酸、谷氨酸这 3 种在中心代谢环节中的关键中间产物就是例外。这 3 种氨基酸是靠与其相对应的酮酸的可逆反应来维持平衡的。另有甘氨酸的合成酶也不受最终产物抑制，它可能受到一碳单位和四氢叶酸的调节。

（二）酶生成量的改变对氨基酸生物合成的调节

在某些氨基酸的生物合成中，如某一氨基酸合成的量超过需要量时，则该氨基酸合成的关键酶的编码基因转录受阻遏，从而酶的合成也被抑制。而当合成的氨基酸产物浓度下降时，则这一氨基酸合成有关酶的基因转录阻遏就会被解除，关键酶的合成又开始，氨基酸的生物合成也随之重新开始。可见这种调控主要是通过对有关酶的编码基因的活性调节来实现的。它是发生在基因表达水平上的调节，而不是通过酶分子的变构来调节。

氨基酸的生物合成途径中，有些酶能够受到细胞内相应氨基酸合成量的间接调控，这种酶称为阻遏酶（repressible enzyme）。例如，大肠杆菌由天冬氨酸衍生的几种氨基酸的合成过程中 A、B、C 的 3 种酶属于阻遏酶，而不属于变构酶，它们的调控靠细胞对该酶的合成速度的改变来实现。当甲硫氨酸的量足够时，控制同工酶 A 和 B 合成的相关基因的表达就会就会受到阻遏。同样当异亮氨酸的合成足够时，同工酶 C 的合成速度就受到阻遏。通过阻遏与去阻遏（derepression）调控氨基酸的生物合成，一般比酶的别构调控缓慢。

在生物细胞内，20 种氨基酸在蛋白质生物合成中的需要量都以准确的比例提供，故生物机体不仅有个别氨基酸合成的调控机制，还有各种氨基酸在合成中合成量比例的相互协调（coordination）的调控机制。

（三）核苷酸生物合成的反馈调节机制

1. 嘌呤核苷酸生物合成的调节

在微生物中，嘌呤核苷酸生物合成受两个终产物的反馈控制，这两个终产物分别为腺苷酸和鸟苷酸。其主要有 3 个控制点：第一个控制点在合成途径的第一步反应，即氨基被转移到 5- 磷酸核糖焦磷酸上，以形成 5- 磷酸核糖胺。此反应是由一种变构酶，即磷酸核糖焦磷酸转酰胺酶所催化，它可被终产物 IMP（inosine monophosphate，次黄苷酸，也称肌苷酸）、AMP 和 GMP 所抑制。因此，无论是 IMP、AMP 或是 GMP 的过量积累均会导致由 PRPP（phosphoribosyl pyrophosphate，磷酸核糖焦磷酸）开始合成途径中的第一步反应受到抑制。另两个控制点分别位于次黄苷酸后分支途径中的第一步反应，当 GMP 过量时，GMP 可催化该步的酶，即次黄嘌呤核苷酸脱氢酶发生变构效应，但仅抑制 GMP 的形成，并不影响 AMP 的形成。反之，AMP 的积累抑制腺苷酸琥珀酸合成酶，从而抑制其自身的形成，但并不影响 GMP 的生物合成。由此可见不同生物的调节方式略有不同。

2. 嘧啶核苷酸生物合成的调节

以大肠杆菌为例，嘧啶核苷酸生物合成的调节机制。嘧啶核苷酸的生物合成，受到终产物反馈控制的点有三个：合成途径的第一个调节酶是氨甲酰磷酸合成酶，它受 UMP 的反馈抑制；另两个调节酶是天冬氨酸转氨甲酰酶和 CTP 合成酶，它们都受 CTP 的反馈抑制。前者被抑制将影响尿苷酸和胞苷酸的合成，后者被抑制只涉及胞苷酸的合成。

（四）初级代谢的调控解除及其在生产中的应用

以 1956 年谷氨酸发酵技术的产业化为标志，发酵工业进入第 3 个转折期——代谢控制发酵时期，其核心内容为代谢控制技术，并且该技术在其后的年代里得到了飞速发展和广泛应用，取得了引人注目的成就。

1. 用营养缺陷型解除调控的发酵生产应用

如赖氨酸的发酵生产即是运用营养缺陷型解除调控的一个实例。赖氨酸是人体必需的八种外源性氨基酸之一，但在植物蛋白中含量较少，是谷类蛋白质的第一限制氨基酸。因此，在食品、医药、畜牧业上有很大的需求量。在正常微生物细胞内，以天冬氨酸为底物的分支途径，其终产物主要有赖氨酸、苏氨酸、甲硫氨酸与异亮氨酸。赖氨酸的生物合成途径与调控对赖氨酸生物合成的反馈控制点主要有两步：一是从天冬氨酸合成天冬氨酰磷酸这一步，其由天冬氨酸激酶（aspartokinase，简称 AK）催化，AK 受赖氨酸、苏氨酸、异亮氨酸和甲硫氨酸的反馈抑制与阻遏作用。二是中间产物天冬氨酸半醛合成赖氨酸的反应。从这一代谢途径可见，以天冬氨酸为底物同时要合成赖氨酸、苏氨酸、异亮氨酸和甲硫氨酸等产物。由于这四种产物存在对关键酶 AK 的连续反馈抑制与阻遏作用，因此赖氨酸在正常细胞内的浓度是非常低的。

以谷氨酸棒杆菌为出发菌株，通过遗传育种手段，使该菌株催化天冬氨酸半醛合成高丝氨酸的酶高丝氨酸脱氢酶的合成受阻，从而中断了此步合成反应，通过筛选获得了高丝氨酸缺陷型菌株，解除了大部分正常的反馈抑制，从而了获得赖氨酸的高产菌株。但由于该菌株不能合成高丝氨酸脱氢酶，故不能合成高丝氨酸，也就不能产生苏氨酸和甲硫氨酸，细胞的正常生长繁殖不能进行，因此需要在培养基中补给适量（不构成反馈抑制的浓度）的高丝氨酸或苏氨酸和甲硫氨酸，以保证有足够的新增细胞量，从而生产大量的赖氨酸。

2. 反馈调节抗性突变株的发酵生产应用

苏氨酸的发酵生产是通过获得抗反馈调节的突变株解除反馈调节。抗反馈调节突变株是指一种对反馈抑制不敏感或对阻遏有抗性的组成型菌株，或兼而有之的菌株。因其反馈抑制或阻遏已解除，或两者同时解除，所以能累积大量末端代谢物。黄色短杆菌的抗 α- 氨基 -β- 羟基戊酸（AHV）突变株能累积苏氨酸。由于该抗性突变株的高丝氨酸脱氢酶已不再受苏氨酸的反馈抑制，从而可使发酵液中苏氨酸浓度达到 13g/L。通过对此突变株的进一步诱变而获得的甲硫氨酸缺陷菌株，由于它已解除了甲硫氨酸对合成途径中的两个反馈阻遏点，因此其苏氨酸浓度可达 18g/L。

3. 细胞膜通透性的调节及其在生产中的应用

细胞膜对于细胞内外物质的运输具有高度选择性。如细胞内累积的某一代谢产物浓度超过一定限度时，细胞会自主地通过反馈抑制或阻遏限制其进一步合成。在实际研究和生产过程中，可采取生理或遗传学手段来改变细胞膜的通透性，使胞内的代谢产物快速渗漏到胞外，从而降低细胞内代谢物浓度，解除代谢物的反馈抑制和阻遏，便可提高发酵产物的产量。

一般可通过限制与细胞膜成分合成有关的营养因子浓度或筛选细胞膜组分合成缺陷型突变株等，使细胞膜的通透性发生改变。如在谷氨酸发酵生产中，控制培养基中生物素在亚适量浓度，可促使细胞分泌出大量的谷氨酸。研究发现，进行谷氨酸发酵时，控制培养基中生物素浓度为 0、2.5 和 10.0μg/mL 时，发酵液中谷氨酸量分别为 1.0、30.8 和 6.7℃ ng/mL。因为生物素是乙酰 -CoA 羧化酶的辅基，乙酰 -CoA 羧化酶是细胞脂肪酸生物合成的关键酶，它可催化乙酰 -CoA 的羧化并生成丙二酸单酰 -CoA，进而合成细胞膜磷脂的主要成分脂肪酸。人为控制细胞环境中的生物素浓度可改变细胞膜组分，从而使细胞膜通透性改变，增强细胞对谷氨酸的分泌，克服细胞因胞内谷氨酸浓度较高而造成的反馈调节与合成抑制。

而当培养液内生物素含量过高时，细胞膜的结构比较致密，对谷氨酸的分泌有一定阻碍，易引起胞内谷氨酸合成的反馈抑制。此时可在培养基中加入适量青霉素，其可抑制细菌细胞壁肽聚糖合成中的转肽酶活性，引起肽聚糖结构中肽桥交联受阻，使细胞壁的结构适度缺损，有利于代谢产物外渗，也能降低谷氨酸的反馈抑制。采取上述生理生化手段，可达到有效提高谷氨酸产率的目的。另外，如诱变选育获得的青霉素高产菌株中，有些突变株就是由于改变了细胞膜的通透性，使硫酸盐更易透过细胞膜，提高了胞内硫酸盐浓度，进而促进了青霉素前体物半胱氨酸的合成，增加了合成青霉素的前体物，最终使青霉素的产量有所提高。

二、次生代谢调节

次级代谢（secondary metabolism）的起始物主要来源于初级代谢途径，因此与抗生素合成有关的初级代谢受到控制时，抗生素的生物合成必然受阻。但次级代谢产物的代谢途径又独立于初级代谢途径，如抗生素作为典型的次生代谢产物。研究已知，至少有 72 步独立的酶反应参与四环素（teracycline）的生物合成，有 25 步酶反应涉及生物合成红霉素（erythromycin），但这些反应中没有一个发生在初级代谢中。

次级代谢一般是在细胞完成生长繁殖后或生长期末期开始运行，对于次生代谢的调控，受影响的因素更多，故次生代谢调控机制研究的难度比较大。由于抗生素在临床与农、林、牧业上的广泛用途所显示的巨大经济与社会效益，使抗生素的代谢调控研究成为次生代谢的重点领域。现如今，许多重要抗生素的合成相关基因及其代谢途径已有所揭示。抗生素产生菌为了正常地活动和适应环境变化的需要，也运行严密的代谢调节。这些机制涉及初级代谢产物和次级代谢产物的反馈抑制和反馈阻遏等，其包括两个方面：一是抗生素本身积累就能起反馈调节作用；二是作为抗生素合成前体的初级代谢产物，当其受到反馈调节时，也影响抗生素的合成。碳、氮源的分解调节和磷酸盐的调节均影响到相应抗生素的合成等。

（一）次级代谢产物的反馈调节

1972 年 Gordee 发现，在产黄青霉中加入 10μg/mL 外源青霉素时对其生长并无影响，而青霉素合成几乎完全被抑制，其他多种青霉素及其钠盐也有类似现象。对链霉素、卡那霉素等氨基糖苷类抗生素的系统研究也证实了这一点。

早在 1935 年就发现，产氯霉素的委内瑞拉链霉菌可被 50μg/mL 外源氯霉素所抑制。这些结果均表明，在次生代谢中也存在其自身产物的反馈抑制作用。如氯霉素对其合成途径中的关键酶，芳基胺合成酶具有反馈调节作用。氯霉素是通过莽草酸的分支代谢途径产生，芳基胺合成酶是分支点后第一个酶，这种酶只存在于产氯霉素的菌体内，当培养基内的氯霉素浓度达 100mg/L 时，则该酶的合成被完全阻遏，但不影响菌体生长与芳香族氨基酸途径的其他酶类。

进一步研究还表明，氯霉素本身不一定是阻遏物，氯霉素通过顺序阻遏，使对氨基苯丙氨酸及 L- 苏 - 对氨基苯丝氨酸对芳基胺合成酶实行反馈抑制。氯霉素的甲硫基类似物比氯霉素更易透入细胞，其抑制作用比氯霉素更大。由此可见，次生代谢产物反馈调节机制是比较复杂的。

抗生素微生物对自身产物的反馈抑制有一定的规律：抑制特定抗生素产生菌合成所需的浓度与其生产水平有相关性，一般产生菌产量高，对自身抗生素的耐受力就强，反之则敏感。如 Dolezilova 等对制霉菌素产生诺尔斯氏链霉菌突变体的研究发现，亲株 52/152 合成抗生素能力为 6000μg/mL，它受 2000μg/mL 外源制霉菌素所抑制，而突变株产量为 15000μg/mL，却能耐 20000μg/mL 的外源制霉菌素。而 Gordee 和 Dag 的研究结果表明，青霉素高产株 E15 的合成能力被完全抑制的外源青霉素浓度是 15pg/mL，而抑制中产株 Q-176 的外源青霉素浓度只要 2μg/mL，抑制低产株 NRRL-1951 的青霉素浓度只需 0.2μg/mL。

（二）初级代谢分支产物对次级代谢的反馈抑制

由于初级代谢和次级代谢途径是紧密相连的，初级代谢中发生的反馈调节，也会影响次级代谢产物的合成，并形成次级代谢中的反馈调节。如初级代谢产物缬氨酸自身反馈抑制乙酰羧酸合成酶的活性，从而减少了缬氨酸与青霉素合成的共同中间体降低了青霉素的产量。

第三章 微生物生长繁殖与环境

本章将就微生物的生长、繁殖的基本规律和其与环境的关系，一般研究方法，以及人类如何运用当代科学技术有效利用和控制微生物等问题进行多层次、多角度的叙述与探讨。各种不同微生物的个体生长和群体生长都表现出不同的方式。单细胞微生物的群体生长对时间的生长曲线可以分成生长延迟期、指数生长期、稳定期和衰亡期等 4 个时期。可以应用多种方法获得微生物的纯培养物。微生物培养过程中可用测定微生物细胞数量或代谢产物的形成或营养物质的消耗等推测微生物的生长与代谢规律。微生物的生长受环境条件如温度、pH、环境化学物质等影响。极端环境下微生物对环境的适应具有不同的生物学机制。

生长与繁殖是生物体生命活动的两大重要特征，微生物自然也不例外。在适宜的环境中，微生物吸收利用营养物质以进行新陈代谢活动。如果同化或合成作用的速率高于异化或分解作用的速率，其原生质总量增长，表现为细胞重量增加、体积变大，此现象称之为生长。随着生长的延续，微生物细胞内各种细胞结构及其组分按比例递增，最终通过细胞分裂，导致微生物细胞数目的增加。单细胞微生物则表现为个体数目的增加。在生物学上一般把个体数目的增加定义为繁殖。

在营养条件适宜的环境中，微生物的生长是一个量变过程，是繁殖的基础，而繁殖又为新个体的生长创造了条件。微生物没有生长，就难以繁殖，而没有繁殖，细胞就不可能有新的生长。因此，生长与繁殖是互为因果的矛盾统一体，是在适宜的营养条件下，微生物个体生命延续中交替进行和紧密联系的两个重要阶段。

微生物的生长和繁殖与其所处环境之间存在着密切关系。无论是自然环境，还是人为环境，都可观察到由于微生物的生长繁殖而改变其生存的环境。同时，变化的环境反过来又影响微生物的生长与繁殖。人类应用近代科学技术经过长期的观察、探索、总结，已经基本掌握了微生物生长繁殖与其环境之间相互作用和互为影响的基本规律。这不仅为深入了解整个生物界与其所处环境间的复杂的生态关系提供了具有重要科学价值的信息，同时大大增强了人类对有益微生物的利用和对有害微生物的控制能力。

第一节　微生物的个体与群体生长和繁殖

就一般意义而言，一个微生物个体应具备生长和繁殖的全能性。单细胞微生物如细菌、酵母菌等，一个细胞就是一个个体。在适宜的环境中，一种微生物如大肠杆菌从一个个体（细胞）出发，通过生长与繁殖，形成细胞总生物量（biomass）与数目相应增加的群体，这种现象与过程称为群体生长。群体生长是微生物个体生长与个体繁殖持续交替进行所导致的结果。因此，群体生长是以微生物的个体生长与繁殖为基础的。

由于微生物个体微小的特殊性，所以难以针对单个微生物细胞或个体进行生长繁殖的研究，故除特定的研究目的外，一般所言的微生物生长是指群体生长。某一微生物的生长所表现的形态、发育、生理与代谢性能之特点，是该微生物的遗传特性与所处理化环境相互作用的结果。对微生物的生长特性与规律的研究，有助于人类揭示微生物世界的奥妙，能够有效控制有害微生物与充分利用有益微生物，从而提高人类自身的生存质量。

一、微生物的个体生长与繁殖

微生物的个体生长与繁殖因微生物种类的不同而不同。现以单细胞微生物细菌为例讨论如下。

（一）细菌的个体生长与繁殖

就大多数原核生物而言，其单个细胞会持续生长直至分裂成两个新的细胞，这个过程称为二等分裂。杆状细菌如大肠杆菌在培养过程中，能观察到细胞延长至大约为细胞原最小长度的 2 倍时，处于细胞中间部位的细胞膜和细胞壁会从两个相反的方向向内延伸，逐渐形成一个隔膜，直至 2 个子细胞被分割开，最终分裂形成 2 个子细胞。细菌完成一个完整生长周期所需的时间随种的不同而变化较大。这种变化除了主要由遗传特性决定外，还要受诸多因子的影响，同样包括营养和环境条件等。在适宜的营养条件下，大肠杆菌完成一个周期仅需约 20min，有些细菌甚至比这更快，但更多的比其要慢。在生长周期中，每个子细胞能获得 1 份完整的染色体和作为一个独立细胞存在所需的其他所有大分子、单体和无机离子的拷贝。由于 DNA 在细胞生命活动中的中心地位，因此，在细胞生长与繁殖中，遗传物质 DNA 的复制与分离是备受关注的重要事件。

（二）细菌拟核 DNA 的复制与分离

细菌的拟核（nucleoid）也即细菌染色体（bacterial chromosome），是一个环形的双链 DNA 分子。细菌细胞在生长过程中，其双链环形 DNA 分子在一个特定的位置上起始复制，该位置称为复制原点，也称复制起点。复制原点是一个约由 300 个碱基组成的特异序列，它能被特异的起始蛋白所识别；DNA 复制从原点开始，向相反的两个方向延伸，最终形成两个子染色体 DNA 分子。在细胞分裂形成的两个子代细胞中，分别含有一个遗传信息完整的拟核。

据研究推测，细菌染色体 DNA 的复制原点附着在细胞质膜的特定部位，在细胞生长过程中，随着细胞膜的增长而延伸，将两个子 DNA 分子拉向细胞两极，最终完成细胞分裂。大肠杆菌在适宜的生长环境中进行快速生长时，在 DNA 分子上往往前一次的复制还未完成，而子 DNA 链上的复制又开始了新的复制，因而在 DNA 分子上可出现多个复制叉现象，导致一个细胞中常含有多个 DNA 分子，以适应细胞快速生长与繁殖的需要。一般在生长终止的细胞中含有一个拟核 DNA 分子。

二、微生物的群体生长规律

对微生物群体生长的研究表明，微生物的群体生长规律因其种类不同而异，单细胞微生物与多细胞微生物的群体生长表现出不同的生长动力学特性。但就单细胞微生物而言，在特定的环境中，不同种的微生物表现出趋势相近的生长动力学规律。

（一）单细胞微生物的生长曲线

细菌生长曲线可划分为四个时期：即延迟期、指数生长期、稳定期、衰亡期。生长曲线表现了细菌细胞及其群体在新的适宜的理化环境中生长繁殖直至衰老死亡的动力学变化过程。生长曲线各个时期的特点，反映了所培养的细菌细胞与其所处环境间进行物质与能量交流，以及细胞与环境间相互作用与制约的动态变化。深入研究各种单细胞微生物生长曲线各个时期的特点与内在机制，在微生物学理论与应用实践上都有着十分重大的意义。

1. 延迟期（lag phase）

当菌体被接入新鲜液体培养基后，在起初的一个培养阶段内，菌体体积增长较快，如巨大芽孢杆菌的长度可以从 3.4μm 增长到 9.1 ~ 19.8μm，胞内贮藏物质逐渐消耗，DNA 与 RNA 含量也相应提高，各类诱导酶的合成量增加，此时细胞内的原生质比较均匀一致，但单位体积培养基中的菌体数量并未出现较大变化，曲线平缓。这一时期的细胞，正处于对新的理化环境的适应期，正在为下一阶段的快速生长与繁殖作生理与物质上的准备。在这一时期的后阶段，菌体细胞逐步进入生理活跃期，少数菌体开始分裂，曲线出现上升趋势。

延滞期所维持时间的长短，因微生物种或菌株和培养条件的不同而异，实践已知延滞期可从几分钟到几小时、几天甚至几个月不等。如大肠杆菌的延滞期就比分枝杆菌短得多。同一种菌株，接种用的纯培养物所处的生长发育时期不同，延滞期的长短也不一样。如接种用的菌种都处于生理活跃时期，接种量适当加大，营养和环境条件适宜，延滞期显著缩短，甚至直接进入指数生长期。

在微生物发酵工业中，如果延迟期较长，则会导致污染机会增加、发酵设备的利用率降低、能耗水耗增加、产品生产成本上升，最终造成劳动生产力低下与经济效益下降。缩短延滞期可缩短发酵周期，从而提高经济效益。因此深入了解延滞期的形成机制，可为缩短延滞期提供指导实践的理论基础，这对于工业、农业、医学、环境微生物学及其应用等均有极为重要的意义。

在微生物应用实践中，通常可采取用处于快速生长繁殖中的健壮菌种细胞接种、适当增加接种量、采用营养丰富的培养基、培养种子与下一步培养用的两种培养基的营养成分以及培养的其他理化条件尽可能保持一致等措施，可以有效地缩短延滞期。

2. 指数生长期（exponential phase）

单细胞微生物的纯培养物在被接种到新鲜培养基后，经过一段时间的适应，便会进入生长速度相对恒定的快速生长与繁殖期，处于这一时期的单细胞微生物，其细胞按 $2^0 \to 2^1 \to 2^2 \to 2^3 \to 2^4 \cdots \cdots 2^n$ 的方式呈几何级数增长，这里的指数"n"为细胞分裂的次数或增殖的代数，也即一个细菌繁殖 n 代产生 2^n 个子代菌体。这一细胞增长以指数式进行的快速生长繁殖期称为指数期，也称指数生长期（logarithmic phase）。

由此可见，培养基中细胞的最初个数和指数式生长一段时间后的细胞个数之间存在如下关系。

$N = N_0 \cdot 2^n$

式中 N= 细胞最终数目；

N_0= 细胞初始数目；

n= 指数生长期细胞繁殖代数。

细胞每分裂一次所需要的时间称为代时（generation time），以符号 G 表示，G=t/n。t 是指数生长期时间，可从细胞最终数目（N）时的培养时间 t_2 减去细胞初始数目（N_0）时的培养时间 t 而求得：

$t = t_2 - t_1$

因此，如果已知指数生长期的初始细胞数和指数生长期的最终细胞数，就可以计算出 n，并从中解出 n。

有关 n 和 t 的概念，可用于计算在不同培养条件下不同微生物的 G，是研究微生物生长动力学的重要参数。根据 n、t，可以算出代时 G。

在指数生长期中，细胞代谢活性最强，生长最为旺盛。从上式可以看出，在一定时间内菌体细胞分裂次数（n）越多，代时（G）越短，则分裂速度越快。另外还可用生长速率常数（growth rate constant），即每小时分裂次数（R）来描述细胞生长繁殖速率。

处于指数生长期的细胞，由于代谢旺盛，生长迅速，代时稳定，其个体形态、化学组成和生理特性等均相对一致，因此，在微生物发酵生产中，常用指数期的菌体作种子，它可以缩短延迟期，从而缩短发酵周期，提高劳动生产率与经济效益。指数生长期的细胞也是研究微生物生长代谢与遗传调控等生物学基本特性的极好材料。

指数生长期的生长速率受到环境条件（培养基的组分、培养温度、pH 与渗透压等）的影响，也是在特定条件下微生物菌株遗传特性的反映。总的来说，原核微生物细胞的生长速率要快于真核微生物细胞，形态较小的真核微生物要快于形态较大的真核微生物。不同种类的细菌，在同一生长条件下，代时不同；同一种细菌，在不同生长条件下，代时也有差异。但是，在一定条件下，各种细菌的代时是相对稳定的，有的 20～30min，有的需要几小时甚至几十小时。

3. 稳定生长期（stationary phase）

根据单细胞微生物指数生长规律，一个细菌，如 E.coli 细胞的重量大约只有 10-12g，但不难计算，如果其代时为 20min，在指数生长 48h 后，所产生的细胞总量将会比地球还要重 4000 倍！这是不可思议的，而事实上也难以得到这样的结果。因为在这一时段内，一定存在某些因素抑制菌体的生长与繁殖。

一般而言，制约对数生长的主要因素有以下几方面。

（1）培养基中必要营养成分的耗尽或其浓度不能满足维持指数生长的需要而成为生长限制因子（growth-limited factor）；

（2）细胞的排出物在培养基中的大量积累，会抑制菌体生长；

（3）由上述两方面主要因素所造成的细胞内外理化环境的改变，如营养物质比例的失调、pH、氧化还原电位的变化等。虽然这些因素不一定同时出现，但只要其中一个因素存在，细胞生长速率就会降低，这些影响生长因子的综合作用，致使群体生长逐渐进入新增细胞与逐步衰老死亡细胞在数量上趋于相对平衡状态，这就是群体生长的稳定期。

在稳定期，细胞的净数量不会发生较大波动，生长速率常数（R）基本上等于零。此时细胞生长缓慢或停止，有的甚至衰亡，但细胞包括能量代谢和一系列其他生化反应的许多功能仍在继续。

处于稳定期的细胞，其胞内开始积累贮藏物质，如肝糖原、异染颗粒、脂肪粒等，大多数芽孢细菌也在此阶段形成芽孢。稳定生长期时活菌数达到最高水平，如果为了获得大量活菌体，就应在此阶段收获。在稳定期，代谢产物的积累开始增多，逐渐趋向高峰。某些产抗生素的微生物，在稳定期后期时大量形成抗生素。稳定期的长短与菌种和外界环境条件有关。生产上常常通过补料、调节 pH、调整温度等措施来延长稳定生长期，以积累更多的代谢产物。

4. 衰亡期（decline phase 或 death phase）

一个达到稳定生长期的微生物群体，随着培养时间的延长，由于生长环境的继续恶化和营养物质的短缺，群体中细胞死亡率会逐渐上升，以致死亡菌数逐渐超过新生菌数，致使群体中活菌数下降，曲线下滑。在衰亡期的菌体细胞形状和大小出现异常，呈多形态，或畸形，有的胞内多液泡，有的革兰氏染色结果发生改变等。许多胞内的代谢产物和胞内酶向外释放等。

微生物的生长曲线，反映一种微生物在一定的生存环境中（如培养基、试管、摇瓶、发酵罐）生长繁殖和死亡的规律。它既可作为营养物质和环境因素对生长繁殖影响的理论研究指标，也可用作调控微生物生长代谢的依据，以指导微生物生产实践。

通过对微生物生长曲线的分析可见：

（1）微生物在指数生长期的生长速率最快。

（2）营养物的消耗，代谢产物的积累，以及因此引起的培养条件的变化，都是限制培养液中微生物继续快速增殖的主要原因。

（3）用活力旺盛的指数生长期细胞接种，可以缩短延迟期，从而提早进入指数生长期。

（4）补充营养物，调节因生长而改变了环境 pH、氧化还原电位，排除培养环境中的有害代谢产物，可延长指数生长期，以提高培养液菌体浓度与有用代谢产物的产量。

（5）指数生长期以菌体生长为主，稳定生长期以代谢产物合成与积累为主。根据发酵目的的不同，确定在微生物发酵的不同时期进行收获。微生物生长曲线可以用于指导微生物发酵工程中的工艺条件优化以获得最大的经济效益。

第二节　微生物培养与生长量测定

微生物的培养与生长量的测定是微生物研究的基本技术。根据研究目的的不同，可采用不同的微生物培养与生长量测定方法。常用的微生物培养方法主要有纯培养技术，如为了获得纯培养的平板分离法，为了获得在自然界数量少或难培养微生物的富集培养法，为了获得寄生微生物而与其寄主微生物共同培养的二元培养法，为了获得在特定环境中相互依赖共同生存的微生物的共培养法等；以及培养系统相对密闭的分批培养法、培养系统相对开放的连续培养法和特殊基础研究采用的同步培养法等。微生物生长量的测定是微生物量化研究的必要技术，根据研究目的不同要适当选用各种不同方法。

一、微生物纯培养技术

微生物在自然界中不仅分布广，而且种类繁多，并多是混杂地生活在一起。要想研究或利用某一微生物，必须把混杂的微生物类群分离开来，以得到只含一种微生物的纯培养。微生物学中将在实验室条件下由一个细胞或一种细胞群繁殖得到的后代称为微生物的纯培养。

纯培养技术包括两个基本步骤：①从自然环境中分离培养对象。②在以培养对象为唯一生物种类的隔离环境中培养、增殖，以获得这一生物种类的细胞群体。针对不同微生物的特点，有许多分离方法，应用最广的是平板法分离纯培养。

（一）平板分离法获得纯培养

平板法采用 Petri 培养皿（简称培养皿），它是一副互扣的平面盘。互扣的培养皿经过灭菌，内部保持无菌。将经过灭菌的固体培养基注入无菌的培养皿中，制成固体培养基平板。

例如葡萄汁发酵为葡萄酒主要是酵母菌的作用，但葡萄汁中实际存在着以酵母菌占绝对优势的多种微生物。用无菌水系列稀释葡萄汁，将少量不同稀释度的稀释液分别接入适合酵母菌生长的平板培养基中，在适宜温度（25 ~ 30℃）中培养，结果在适宜稀释度的培养皿中就会长出许多孤立的单菌落，其中大多为酵母菌菌落。将由单一种酵母菌形成的菌落作为接种物，接种到适宜的斜面培养基上，反复多次即可获得酵母菌纯培养物。大多数情况下，这种分离纯化需要进行多次才能获得纯培养。具有不同特性的微生物在不同环境中生存，往往需要特殊的分离、培养方法。

（二）富集培养

有些微生物在自然界中生存着，但分离和获得纯培养却十分困难，有些甚至至今都没有成功过。对于这些微生物，常采取富集培养的方法作为纯培养的前处理，或者直接以富集培养物作为研究材料。例如，亚硝酸细菌和硝酸细菌，它们中的有些种类是经过很艰难的操作过程才得到纯培养的，有些种类迄今还没有得到纯培养物。但得到它们的富集培养物却比较容易，对于它们的特性和在自然界中作用的知识，主要是从研究它们的富集培养物获得的。

富集培养作为取得纯培养的前处理，使特定的微生物种类在数量上占绝对优势，然后稀释培养在适宜的平板培养基上，长出的单菌落多数是预期要分离的特定目标种类。

（三）二元培养

二元培养是纯培养的一种特殊形式。有些寄生微生物只能在寄主微生物体内寄生，所以必须将寄生微生物和寄主微生物培养在一起，同时要排除其他杂菌。例如噬菌体只能在特定的寄主微生物体内繁殖。首先在平板培养基中繁殖寄主微生物的纯培养（称为细菌坪），再将含噬菌体的稀释液接种在细菌坪上，经过培养，在细菌坪上出现许多独立的噬菌斑，反复纯化，就会得到纯的二元培养体即只有一种寄主细菌和一种噬菌体的"纯培养"。

（四）共培养物

如在沼气发酵过程中，对分解丙酸、丁酸和长链脂肪酸的产氢产乙酸细菌的分离，必须在厌氧条件下和利用 H2 的细菌如脱硫弧菌或产甲烷古菌共同培养下才能获得二元培养物。采用严格的厌氧培养技术，沼气发酵液以 10 倍系列稀释，接种到无氧的、已融化的含丁酸（或丙酸，或某一长链脂肪酸）的适宜固体培养基的培养管中（培养管用丁基橡胶塞密封），立即摇匀，在冰水浴中均匀地旋转培养管，使琼脂培养基在试管内壁凝固成均匀透明的琼脂薄层（此法称滚管法）。然后在 30 ~ 35℃ 的环境中培养，经过 15 天后可见单个菌落，挑取单个菌落并稀释，再行滚管培养，直至培养管中只有一种形态的单菌落出现，该单菌落中就是由一种分解丁酸（或丙酸，或某一长链脂肪酸）的产氢产乙酸细菌和一种利用 H_2 的细菌组成，最终获得共培养物。在互营共培养物中，有些不仅含有 2 种不同种类的微生物，还可能有 3 种或 4 种，甚至更多种类的微生物，它们之间实际上组成了一个以利用某种基质为起点的生物链。

二、分批培养与连续培养

（一）分批培养

在一个相对独立密闭的系统中，一次性投入培养基对微生物进行接种培养的方式一般称为分批培养（batch culture）。由于它的培养系统的相对密闭性，故分批培养也叫密闭培养（closed culture）。如在微生物研究中用烧瓶作为培养容器进行的微生物培养一般是分批培养。采用这种分批培养方式，随培养时间的延长，由于系统相对密闭性，被微生物消耗的营养物得不到及时补充，代谢产物未能及时排出培养系统，其他对微生物生长有抑制作用的环境条件得不到及时改善，使微生物细胞生长繁殖所需的营养条件与外部环境逐步恶化，从而使微生物群体生长表现出从细胞对新环境的适应到逐步进入快速生长，而后较快转入稳定期，最后走向衰亡的阶段分明的群体生长过程。前面关于生长曲线的研究所用的方法就是分批培养法。分批培养因生长的重要阶段不能延长，故有批次明显、周期短的特点。由于分批培养相对简单与操作方便，所以在微生物学研究与发酵工业生产实践中仍被广泛采用。

（二）连续培养

微生物的连续培养（continuous culture）是相对于分批培养而言的。连续培养是指在深入研究分批培养中生长曲线形成内在机制的基础上开放培养系统，并不断补充营养液、解除抑制因子、优化生长代谢环境的培养方式。

由于培养系统的相对开放性，故连续培养也称为开放培养（opening cuture）。连续培养的显著特点与优势是：它可以根据研究者的目的，在一定程度上，人为控制典型生长曲线中的某个时期，使之缩短或延长时间，使某个时期的细胞加速或降低代谢速率，从而大大提高培养过程的人为可控性和效率。连续培养模式通常应用于发酵工业，被称为连续发酵（continuous fermentation）。

在连续培养过程中，它可以根据研究目的与研究对象不同，分别采用不同的连续培养方法。常用的连续培养方法有恒浊法与恒化法两类。

所谓恒浊法是以培养器中微生物细胞的密度为监控对象，用光电控制系统来控制流入培养器的新鲜培养液的流速，同时使培养器中的含有细胞与代谢产物的培养液也以基本恒定的流速流出，从而使培养器中的微生物在保持细胞密度基本恒定的条件下进行培养的一种连续培养方式。用于恒浊培养的培养装置称为恒浊器（turbidostat）。

连续培养装置（发酵罐，fermenter）。用恒浊法连续培养微生物，可控制微生物在最高生长速率与最高细胞密度的水平上生长繁殖，达到高效率培养的目的。目前在发酵工业上有多种微生物菌体的生产就是用大型恒浊发酵器进行恒浊法连续发酵生产的。与菌体生长相平行的微生物代谢产物的生产也可采用恒浊法连续发酵生产。

恒化法是监控对象不同于恒浊法的另一种连续培养方式。恒化法是通过控制培养基中营养物（主要是生长限制因子的浓度）来调控微生物生长繁殖与代谢速度的连续培养方式。用于恒化培养的装置称为恒化器（chemostat 或 bactogen）。恒化连续培养往往控制微生物在低于最高生长速率的条件下生长繁殖。恒化连续培养在研究微生物利用某种底物，进行代谢的规律方面被广泛采用。因此，它是微生物营养、生长、繁殖、代谢和基因表达与调控等基础与应用基础研究的重要技术手段。

实际上，分批培养与连续培养的分类是相对的。无论是基础研究还是在发酵工业生产实践中，为了达到某种特殊目的或提高培养效率，通常采取两种方法加以综合的培养方式。如在金霉素、四环素等抗生素发酵生产中，在细胞群体生长进入稳定期，抗生素开始大量合成时进行补料，适当增加发酵液中合成四环类抗生素的底物量和维持细胞生存所需要的低浓度营养物，使细胞在非生长繁殖状态下合成抗生素的持续时间延长，从而达到提高单位发酵液中抗生素总量（效价）的目的。在这种细胞生长繁殖与目的产物合成处于阶段分明的不同时期的工艺技术，要大幅度地延长目的产物合成期是难以做到的。因为，随着对细胞自身具有一定毒害作用的抗生素在细胞内外环境中浓度的提高，其他对细胞生存不利的代谢产物在环境中的量也在同时增加，同时会制约细胞长时间维持抗生素合成的高效率。通过补料，适当增加营养，可以延缓细胞衰老与自溶崩溃，但是，指出细胞走向终止代谢与死亡的方向并没有改变，进程并没有阻断，也即通过调控营养物配方与补料方式，也不可能达到细胞不衰老而无限延长抗生素高效率合成的时间。基于上述原因，金霉素与四环素发酵生产周期不长，一般在 110 ～ 150h，批次明显。这种类型的发酵方式，既不是严格意义的分批培养方式，也不是严格意义的连续培养方式，一般称之为补料分批培养或半连续培养，在发酵工业上可称为半连续发酵。这种方式在当代发酵工业上应用较为广泛。

三、同步培养

通过机械方法和调控培养条件使某一群体中的所有微生物个体细胞尽可能处于同一生长和分裂周期中，从而使细胞群体中各个体处于分裂步调一致的生长状态，这种生长状态称为同步生长（synchronous growth）。

尽管微生物细胞极其微小，但与一切其他生物细胞一样，在整个生长过程中，细胞内同样发生着阶段性的极其复杂的时空有序的生物化学变化，其结果是再造一个与母细胞结构、组成、功能完全一致的子细胞。要研究单个细胞重建过程的具体步骤与一系列变化，在技术上是极为困难的。因此，往往用同步生长的细胞来研究。

用于进行同步生长研究的方法，一是把处于不同生长期的细胞分别做成一系列超薄切片，然后用电子显微镜观察并进行综合分析，再从中寻找规律。二是用 E 同步培养（synchronous culture）技术，分析群体在各阶段的生物化学特性变化，来间接了解单个细胞的相应变化规律。

目前获得微生物同步生长细胞的方法主要有以下两类。

（1）机械筛选法。这一方法是利用处于同一生长阶段细胞的体积与大小的同一性，用过滤法、密度梯度离心法或膜洗脱法等收集同步生长的细胞。其中以 Helmstetter-Cummigs 的膜洗脱法较为有效和常用，这一方法是基于所用滤膜可吸附具有与该滤膜（如硝酸纤维素）相反电荷的细胞之原理，让含有非同步细胞的悬液流经此膜，大量的细胞便被吸附于滤膜上，然后将滤膜翻转并置于滤器中，让吸附于滤膜上的细胞处于悬挂状态，再添加新鲜营养液于滤膜上层，使新鲜营养液慢速渗漏通过滤膜，最初从膜上脱落的是未吸附的细胞，随时间的延续，吸附于滤膜上未脱落的细胞开始分裂，在分裂后的两个子细胞中，一个仍吸附于滤膜上，另一个则被营养液洗脱，若滤膜面积足够大，就可获得较大量的在短时间内下落的同步生长子细胞，便可用于同步生长研究。

（2）诱导法。这一方法是用理化条件（药物、营养物、温度、光照等）人为诱导控制微生物细胞群体处于同一生长发育阶段，以获得同步生长细胞。如用能抑制蛋白质合成的氯霉素等，以抑制细菌蛋白质合成；用控制营养条件与温度诱导细菌芽孢萌发等；又如将鼠伤寒沙门氏杆菌置 25℃ 28min，37℃ 8min，多次重复等，均能获得同步生长的细胞群体。

但应注意，人为诱导的同步生长只是相对意义上的同步，但维持同步的时间难以长久。因为，无论哪一类生物，即使是同一种内，个体之间的差异都是客观存在的。始终处于人工控制的同步生长条件下，所得的研究结果将与自然真实状态下不一致。一旦解除人为控制生长条件，同步生长群体很快趋于非同步生长状态。不同的微生物种维持同步生长的世代数有差异，一般经 2 ~ 3 代便会丧失生长的同步性。

四、微生物生长量的测定

微生物学研究中常常要进行微生物生长量的测定。有多种方法可用于微生物生长量的测定，概括起来常用的有以下几种：

（一）直接计数法（又称全数法）

1. 计数器直接测数法取定量稀释的单细胞培养物悬液放置在血球计数板（细胞个体形态较大的单细胞微生物，如酵母菌等）或细菌计数板（适用于细胞个体形态较小的细菌）上，在显微镜下计数一定体积中的平均细胞数，再换算出供测样品的细胞数。

（1）血球计数板及细胞计数血球计数板是一种在特定平面上划有格子的特殊载片。在划有格子的区域中，有分别用双线和单线分隔而成的方格。其中有以双线为界划成的方格 25（或 16）格，

这种以双线为界的格子称为中格，其内有以单线为界的方格 16（或 25）小格。因此，用于细胞计数的区域的总小格数为：25×16=400。

该 400 个小格排成一正方形的大方格，此大方格的每条边的边长为 1mm，故 400 个小格的总面积为 1mm²。

在进行细胞计数前，先取盖玻片盖于计数方格之上，盖玻片的下平面与刻有方格的血球计数板平面之间留有 0.1mm 高度的空隙。含有细胞的供测样品液被加注在此空隙中。加注在 400 个小格（1mm²）之上与盖玻片之间的空隙中的液体总体积应为：

$$1.0mm \times 1.0mm \times 0.1mm = 0.1mm^3$$

一般表示样品细胞浓度的单位为亿个 /mL。因此，在计数后，获得在 400 个小格

中的细胞总数，再乘以 104，就能换算出每 mL 所含细胞数。其计算公式如下：

菌液的含菌数 /mL= 每小格平均菌数 ×400×10000× 稀释倍数

在进行具体操作时，一般取 5 个中格进行计数，取格的方法一般有两种：①取计数板斜角线相连的 5 个中格；②取计数板 4 个角上的 4 个中格和计数板正中央的 1 个中格。对横跨位于方格边线上的细胞，在计数时，只计一个方格 4 条边中的 2 条边线上的细胞，而另两条边线上的细胞则不计。取边的原则是每个方格均取上边线与右边线或下边线与左边线。

（2）细菌计数板及细胞计数

细菌计数板与血球计数板结构大同小异，只是刻有格子的计数板平面与盖玻片之间的空隙高度仅有 0.02mm。因此，计算方法稍有差异（见以下计算公式），余与血球计数板法同。

菌液样本的含菌数 /mL= 每小格平均菌数 ×400×50000× 稀释倍数

2. 涂片染色计数

用计数板附带的 0.01mL 吸管，吸取定量稀释的细菌悬液，放置于刻有 1cm² 面积的玻片上，使菌液均匀地涂布在 1cm² 面积上，固定后染色，在显微镜下任意选择几个乃至十几个视野进行细胞计数。根据计算出的视野面积核算出每 1cm² 中的菌数，然后按 1cm² 面积上的菌液量和稀释度，计算出每 mL 原液中的含菌数。

原菌液的含菌数 /mL= 视野中的平均菌数 ×1cm²/ 视野面积 ×100× 稀释倍数

3. 比浊法

这是测定菌悬液中细胞数量的快速方法。其原理是菌悬液中的单细胞微生物，其细胞浓度与浑浊度成正比，与透光度成反比。细胞越多，浊度越大，透光量就越少。因此，测定菌悬液的光密度（或透光度）或浊度可以反映细胞的浓度。将未知细胞数的菌悬液与已知细胞数的菌悬液相比，求出未知菌悬液所含的细胞数。浊度计、分光光度仪是测定菌悬液细胞浓度的常用仪器。此法比较简便，但在使用上有局限性。菌悬液颜色不宜太深，不能混杂其他物质，否则不能获得正确结果。一般在用此法测定细胞浓度时，应先用计数法作对应计数，取得经验数据，并制作菌数对 OD 值的标准曲线方便查获菌数值。

（二）活菌计数法（又叫间接计数法）

活菌计数法又称间接计数法。直接计数法测定到的是死细胞、活细胞总数，而间接计数法测得的仅是活菌数。因此后者所得的数值往往比前者测得的数值小。

1. 平板菌落计数

此法是基于每一个分散的活细胞在适宜的培养基中具有生长繁殖并形成一个菌落的能力，因此，菌落数就是待测样品所含的活菌数。

将单细胞微生物待测液经 10 倍系列稀释后，再将一定浓度的稀释液定量地接种到琼脂平板培养基上培养，经此长出的菌落数就是稀释液中含有的活细胞数，便可以计算出供测样品中的活细胞数。但应注意，由于各种原因，平板上的单个菌落可能并不是由一个菌体细胞形成的，因此在表述单位样品含菌数时，可用单位样品中形成的菌落单位来表示。

2. 液体稀释最大或然数法测数

取定量（1mL）的单细胞微生物悬液，用培养液作定量 10 倍系列稀释，重复 3 ~ 5 次，将不同稀释度的系列稀释管置于适宜温度下培养。在稀释度合适的前提下，在菌浓度相对较高的稀释管内均出现菌生长，而自某个稀释度较高的稀释管开始至稀释度更高的稀释管中均不出现菌生长，按稀释度自低到高的顺序，把最后三个出现菌生长的稀释管之稀释度称为临界级数。由 3 ~ 5 次重复的连续三级临界级数获得指数，查相应重复的最大或然数（即 most probable number，MPN）求得最大可能数，再乘以出现生长的临界级数的最低稀释度，即可测得比较可靠的样品活菌浓度。

3. 薄膜过滤计数法

测定水与空气中的活菌数量时，由于含菌浓度低，则可先将待测样品（一定体积的水或空气）通过微孔薄膜（如硝化纤维薄膜）过滤浓缩，再把滤膜放在适当的固体培养基上培养，长出菌落后即可计数。

（三）细胞物质量测定法

1. 干重法

定量培养物用离心或过滤的方法将菌体从培养基中分离出来，洗净、烘干至恒重后称重，求得培养物中的细胞干重。一般细菌干重约为湿重的 20% ~ 25%。此法直接而且可靠，但要求测定时菌体浓度较高，样品中不含非菌体的干物质。

2. 含氮量测定法

细胞的蛋白质含量是比较稳定的，可以从蛋白质含量的测定求出细胞物质量。一般细菌的含氮量约为原生质干重的 14%。而总氮量与细胞蛋白质总含量的关系可用下式计算：

蛋白质总量 = 含氮量百分比 × 6.25

3.DNA 测定法

这种方法是基于 DNA 与 DABA-2HCl（20%W/W3，5- 二氨基苯甲酸 - 盐酸溶液，）

结合能显示特殊荧光反应的原理，定量测定培养物的菌悬液的荧光反应强度，求得 DNA 的含量，可以直接反映所含细胞物质的量。同时可根据 DNA 含量计算出细菌的数量，每个细菌平均含 $8.4 \times 10\text{-5ngDNA}$。

4. 其他生理指标测定法

微生物新陈代谢的结果，必然要消耗或产生一定量的物质。因此也可以用某物质的消耗量或某产物的形成量来表示微生物的生长量。例如通过测定微生物对氧的吸收、发酵糖产酸量或 CO_2 的释放量，均可作为生长指标。使用这一方法时，必须注意作为生长指标的那些生理活动，应不受外界其他因素的影响或干扰，以便获得准确的结果。

第三节　微生物生长与环境

微生物的生长是微生物与外界环境相互作用的结果。环境条件的改变，在一定的限度内，可使微生物的形态、生理、生长、繁殖等特征发生变化。微生物能抵抗或者适应环境条件的某些改变，但当环境条件的变化超过一定极限，则会导致微生物的死亡。因此，微生物生长与环境之间的关系极为密切。本节将讨论微生物对环境因子的反应、互作与抗性，以及人类凭借环境因子利用和制约微生物的重要措施及其机理。

微生物的生存环境条件是各种因素的综合，各种因素及其综合效应处于合适的程度时，微生物才能旺盛地生长、发育和繁殖。人们常凭借控制和调节各环境因素，促使某些微生物的生长，以发挥它们的有益作用，或抑制和杀死另一些微生物以消除它们的危害作用。这里先介绍防腐、消毒、灭菌等几个重要术语。

（1）防腐

它是一种抑菌作用。即利用某些理化因子，使物体内外的微生物暂时处于不生长、不繁殖但又未死亡的状态。这是一种防止食品腐败和其他物质霉变的技术措施。如低温、干燥、盐渍、糖渍、化学物抑制等。

（2）消毒

它是指杀死或消除所有病原微生物的措施，其可达到防止传染病传播的目的。例如将物体煮沸（100℃）10min 或 60 ~ 70℃加热处理 30min，便可杀死病原菌的营养体，但不能杀死所有的芽孢。常用于牛奶、食品及某些物体的表面消毒。利用具有消毒作用的化学药剂（又称消毒剂），也可进行器皿、用具、皮肤、体膜或体腔内的消毒处理。

（3）灭菌

它是指用物理或化学因子，使存在于物体的所有活的微生物永久性地丧失其活性，包括最耐热的细菌芽孢。这是一种彻底的杀菌措施。

在这里必须指出，不同的微生物对各种理化因子的敏感性不同，同一因素不同剂量对微生物的效应也不一样，或者起灭菌作用，或者可能只起消毒或防腐作用。有些化学因子，在低浓度下还可能是微生物的营养物质或具有刺激生长的作用。

一、温度

微生物在一定的温度下生长，温度低于最低或高于最高限度时，即停止生长或死亡。就微生物总体而言，其生长温度范围很广，但各种微生物都有其生长繁殖的最低温度、最适温度、最高温度，称为生长温度三基点。各种微生物也有它们各自的致死温度。

最低生长温度，是指微生物能进行生长繁殖的最低温度界限。处于这种温度条件下的微生物生长速率很低，如果低于此温度生长可完全停止。

最适生长温度，是指微生物以最大速率生长繁殖的温度。这里要指出的是，微生物的最适生长温度不一定是一切代谢活动的最佳温度。

最高生长温度，是指微生物生长繁殖的最高温度界限。在此温度下，微生物细胞很容易衰老和死亡。

致死温度，若环境温度超过最高温度，便可杀死微生物。这种在一定条件下和一定时间内（例如 10min）杀死微生物的最低温度称为致死温度。在致死温度时杀死该种微生物所需的时间称为致死时间。在致死温度以上，温度越高，致死时间越短。用加压蒸汽灭菌法进行培养基灭菌，足以杀死全部微生物，包括耐热性最强的芽孢。

根据微生物生长温度范围，通常把微生物分为嗜热型（thermophiles）、嗜温型（mesophiles）和嗜冷型（psychrophiles）三大类。

嗜热型微生物的最适生长温度在 45 ~ 58℃。温泉、堆肥、厩肥、秸秆堆和土壤都有高温菌存在，它们参与堆肥、厩肥和秸秆堆高温阶段的有机质分解过程。芽孢杆菌和放线菌中含有多种高温性种类，霉菌通常不能在高温中生长发育。

嗜热型微生物能在如此高的温度下生存和生长，可能是由于菌体内的酶和蛋白质较为抗热，同时高温型微生物的蛋白质合成机构核糖体和其他成分对高温也具有较大的抗性。而且细胞膜中饱和脂肪酸含量较高，从而使细胞膜在高温下能保持较好的稳定性。

嗜温型微生物的最适生长温度在 25 ~ 43℃，其中腐生性微生物的最适温度为 25 ~ 30℃，哺乳动物寄生性微生物的最适温度为 37℃左右。

嗜冷型微生物又称嗜冷微生物，其最适生长温度在 10 ~ 18℃，包括水体中的发光细菌、铁细菌及一些常见于寒带冻土、海洋、冷泉、冷水河流、湖泊以及冷藏仓库中的微生物。它们对上述水域中有机质的分解起着重要作用，冷藏食物的腐败往往是这类微生物作用的结果。冷藏食品腐败的原因至少可以说明，嗜冷性微生物细胞内的酶在低温下仍能缓慢而有效地发挥作用，同时细胞膜中不饱和脂肪酸含量较高，可推测它们在低温下仍保能持半流动液晶状态，还能进行较活跃的物质代谢。

微生物在适应温度范围内，随温度逐渐提高，代谢活动加强，生长、增殖加快；超过最适温度后，生长速率逐渐降低，生长周期也相应延长。

在适应温度界限以外，过高和过低的温度对微生物的影响不同。高于最高温度界限时，引起微生物原生质胶体的变性、蛋白质和酶的变性损伤、失去生活机能的协调，从而停止生长或出现异常形态，最终导致死亡。因此，高温对微生物具有致死作用。各种微生物对高温的抵抗力不同，同一种微生物又因发育形态和群体数量、环境条件不同而有不同的抗热性。细菌芽孢和真菌的一些孢子和休眠体，比其营养细胞的抗热性强得多。大部分不生芽孢的细菌、真菌菌丝体和酵母菌营养细胞在液体中加热至 $60℃$ 时数分钟即死亡。但是各种芽孢细菌的芽孢在沸水中数分钟甚至数小时仍能存活。

高温对微生物的致死作用，现已广泛用于消毒灭菌。高温灭菌的方法分为干热与湿热两大类。在同一温度下，湿热灭菌法比干热灭菌法的效果好。这是因为蛋白质的含水量与其凝固温度成反比。

1. 干热灭菌

（1）灼热灭菌法

灼热灭菌法即在火焰上灼烧进行灭菌，此方法灭菌彻底，迅速简便，但使用范围有限。常用于金属工具、污染物品及实验材料等废弃物的处理。

（2）干热灭菌法

干热灭菌法主要在干燥箱中利用热空气进行灭菌。通常 $160 \sim 170℃$ 处理 $1 \sim 2h$ 便可达到灭菌的目的。如果被处理物品传热性差、体积较大或堆积过挤时，需适当延长时间。此法只适用于玻璃器皿、金属用具等耐热物品的灭菌。其优点是可保持物品干燥。

2. 湿热灭菌

（1）煮沸消毒法

煮沸消毒法是将物品在水中煮沸（$100℃$）15min 以上，可杀死细菌的所有营养细胞和部分芽孢的灭菌方法。如延长煮沸时间，并在水中加入 1% 碳酸钠或 2% ~ 5% 苯酚，则效果更好。这种方法适用于注射器、解剖用具等的消毒。

（2）高压蒸汽灭菌法

此法为实验室及生产中常用的灭菌方法。常压下水的沸点为 $100℃$，如加压则可提供高于 $100℃$ 的蒸汽。加之热蒸汽穿透力强，可迅速引起蛋白质凝固变性。所以高压蒸汽灭菌在湿热灭菌法中效果最佳，应用较广。它适用于各种耐热物品的灭菌，如一般培养基、生理盐水、各种缓冲液、玻璃器皿、金属用具、工作服等。常采用 1.05kg/cm2（15 磅 / 英寸 2）的蒸汽压，121℃的温度下处理 15 ～ 30min 即可达到灭菌的目的。灭菌所需的时间和温度取决于被灭菌物品的性质、体积与容器类型等。对体积大、热传导性差的物品，加热时间应适当延长。

（3）间歇灭菌法

间歇灭菌法是用蒸汽反复多次处理的灭菌方法。将待灭菌物品置于阿诺氏灭菌器或蒸锅（蒸笼）及其他灭菌器中，常压下 100℃处理 15 ～ 30min，便可杀死其中的营养细胞。冷却后，置于一定温度（28 ～ 37℃）保温过夜，使其中可能残存的芽孢萌发成营养细胞，再以同样方法加热处理。如此反复 3 次，可杀灭所有芽孢和营养细胞，以达到灭菌的目的。此法的缺点是费时费力，一般只用于不耐热的药品、营养物、特殊培养基等的灭菌，但此方法易破坏培养基的营养成分。在缺乏高压蒸汽灭菌设备时也可用于一般物品的灭菌。

（4）巴斯德消毒法

此法是用较低的温度（如用 62 ～ 63℃处理 30min，若以 71℃则处理 15min）处理牛奶、酒类等饮料，以杀死其中的病原菌如结核杆菌、伤寒杆菌等，但又不损害营养与风味的灭菌方法。处理后的物品应迅速冷却至 10℃左右才能饮用。这种方法只能杀死大多数腐生菌的营养体而对芽孢无损害。此法是基于结核杆菌的致死温度为 62℃ 15min 而规定的。这种消毒法系巴斯德发明，故称巴斯德消毒法。

当环境温度低于微生物生长最低温度时，微生物代谢速率降低，逐渐进入休眠状态，但原生质结构通常并不破坏，不致很快死亡，能在一个较长时间内保存其生存力，提高温度后，仍可恢复其正常生命活动。在微生物学研究中，常用低温保藏菌种。但有的微生物在冰点以下就会死亡，即使能在低温下生长的微生物，低温处放置时，开始也有一部分死亡。主要原因可能是细胞内水分变成冰晶，造成细胞明显脱水，冰晶往往还可造成细胞尤其是细胞膜的物理性损伤。因此，低温具有抑制或杀死微生物生长的作用，故低温保藏食品是最常用的方法。

二、氢离子浓度（pH）

微生物的生命活动受环境酸碱度的影响较大。每种微生物都有最适宜的 pH 和一定的 pH 适应范围。大多数细菌、藻类和原生动物的最适宜 pH 为 6.5 ～ 7.5，但是在 pH4.0 ～ 10.0 之间也能生长。放线菌一般在微碱性，pH7.5 ～ 8.0 最适宜。酵母菌和霉菌在 pH5 ～ 6 的酸性环境中较适宜，但可生长的范围在 pH1.5 ～ 10.0 之间。有些细菌可在很强的酸性或碱性环境中生活，例如有些硝化细菌则能在 pHl1.0 的环境中生活，氧化硫硫杆菌能在 pH1.0 ～ 2.0 的环境中生活。

各种微生物处于最适 pH 范围时酶活性最高，如果其他条件也相对适合，微生物的生长速率也最高。当低于最低 pH 或超过最高 pH 时，将抑制微生物生长甚至导致死亡。pH 影响微生物生长的机制主要有以下几点：

（1）氢离子可与细胞质膜上及细胞壁中的酶相互作用，从而影响酶的活性，甚至导致酶的失活。

（2）pH 对培养基中有机化合物的离子化有影响，因而也间接地影响微生物。酸性物质在酸性环境下不解离，而呈非离子化状态。非离子化状态的物质比离子化状态的物质更易渗入细胞。碱性环境下的情况正好相反，在碱性 pH 下，它们能离子化，离子化的有机化合物相对不易进入细胞。当这些物质过多地进入细胞时，会对生长产生不良影响。

（3）pH 还影响营养物质的溶解度。pH 低时，CO_2 的溶解度降低，Mg^{2+}、Ca^{2+}、Mo^{2+} 等溶解度增加，当达到一定的浓度后，可对微生物产生毒害；当 pH 高时，Fe^{2+}、Ca^{2+}、Mg^{2+} 及 Mn^{2+} 等的溶解度降低，以碳酸盐、磷酸盐或氢氧化物形式生成沉淀，对微生物生长不利。微生物在基质中生长，由于代谢作用而引起物质转化，也能改变基质的氢离子浓度。例如乳酸细菌分解葡萄糖产生乳在中性或碱性 pH 中离子化的醇酸酸，因而增加了基质的氢离子浓度，酸化了基质。尿素细菌水解尿素产生氨，碱化了基质。为了维持微生物生长过程中 pH 的稳定，在配制培养基时，要注意调节培养基的 pH，以适合微生物生长的需要。

某些微生物在不同 pH 的培养液中培养，可以启动不同的代谢途径，积累不同的代谢产物。因此，环境 pH 还可调控微生物的代谢。例如酿酒酵母生长的最适 pH 为4.5 ~ 5.0，并进行乙醇发酵，但几乎不产生甘油和醇酸。当 pH 高于 8.0 时，发酵产物除乙醇外，还有甘油和醇酸。因此，在发酵过程中，根据不同的目的，可采用改变其环境 pH 的方法，以提高目的产物的生产效率。

某些微生物生长繁殖的最适生长 pH 与其合成某种代谢产物的 pH 不一致。例如丙酮丁醇梭菌，生长繁殖的最适 pH 是 5.5 ~ 7.0，而大量合成丙酮丁醇的最适 pH 却为 4.3 ~ 5.30。

还可利用微生物对 pH 要求的不同，促进有益微生物的生长或控制杂菌污染。

三、湿度、渗透压与水活度

湿度一般是指环境空气中含水量的多少，有时也泛指物质中所含水分的量。一般的生物细胞含水量在 70% ~ 90%。湿润的物体表面易长微生物，这是由于湿润的物体表面常有一层薄薄的水膜，微生物细胞实际上就生长在这一水膜中。放线菌和霉菌基内菌丝生长在水溶液或含水量较高的固体基质中，气生菌丝则暴露于空气中，因此，空气湿度对放线菌和霉菌等微生物的代谢活动有显著的影响。如基质含水量不高，空气干燥，胞壁较薄的气生菌丝易失水萎蔫，不利于生长甚至可终止代谢活动；空气湿度较大则有利于生长。酿造工业中，制曲的曲房要接近饱和湿度，以促使霉菌旺盛生长。长江流域梅雨季节，物品容易发霉变质，主要原因是空气湿度大（相对湿度在70%以上）和温度较高。细菌在空气中的生存和传播也以湿度较大为合适。因此，环境干燥，可使细胞失水而造成代谢停止乃至死亡。人们广泛应用干燥方法保存谷物、纺织品与食品等，其实质就是夺细胞之水，从而防止微生物生长引起的霉腐。

必须强调的是，微生物生长所需要的水分是指微生物可利用之水，如微生物虽处于水环境中，但如其渗透压很高，即便有水，微生物也难以利用。这就是渗透压对微生物生长的重要性之根本原因所在，因此，水活度是影响微生物生长的极为重要的因子。

四、氧和氧化还原电位

氧和氧化还原电位与微生物的关系十分密切，对微生物生长的影响极为明显。研究表明，不同类群的微生物对氧要求不同，可根据微生物对氧的不同需求与影响，把微生物分成以下几种类型。

（一）专性好氧菌

这类微生物具有完整的呼吸链，以分子氧作为最终电子受体，而且只能在较高浓度分子氧的条件下才能生长，大多数细菌、放线菌和真菌是专性好氧菌。如醋杆菌属、固氮菌属、铜绿假单胞菌等属种为专性好氧菌。

（二）兼性厌氧菌

也称兼性好氧菌（facultative aerobes）。这类微生物的适应范围广，在有氧或无氧的环境中均能生长。一般以有氧生长为主，有氧时靠呼吸产能，兼具厌氧生长能力；无氧时则通过发酵或无氧呼吸产能。

（三）微好氧菌

这类微生物只在非常低的氧分压下才能生长。它们通过呼吸链，以氧为最终电子受体产能。如发酵单胞菌属弯曲杆菌属、氮单胞菌属、霍乱弧菌等属种成员。

（四）耐氧菌

它们的生长不需要氧，但可在分子氧存在的条件下行发酵性厌氧生存，分子氧对它们无用，但也无害，故可称为耐氧性厌氧菌。氧对其无用的原因是它们不具有呼吸链，只通过发酵经底物水平磷酸化获得能量。一般的乳酸菌大多是耐氧菌，如乳酸杆菌、乳链球菌、肠膜明串珠菌和粪肠杆菌等。

（五）厌氧菌

分子氧对这类微生物有毒，氧可抑制其生长（一般厌氧菌）甚至导致其死亡（严格厌氧菌）。因此，它们只能在无氧或氧化还原电位很低的环境中生长。常见的厌氧菌有梭菌属成员，如丙酮丁醇梭菌，双歧杆菌属、拟杆菌属的成员，着色菌属、硫螺旋菌属等属的光合细菌与严格厌氧的产甲烷菌类群等。

氧对厌氧性微生物产生毒害作用的机理主要是厌氧微生物在有氧条件下生长时，会产生有害的超氧基化合物和过氧化氢等代谢产物，这些有毒代谢产物在胞内积累最终导致机体死亡。例如微生物在有氧条件下生长时，通过化学反应可以产生超氧基化合物和过氧化氢。

好氧微生物与兼性厌氧细菌细胞内普遍存在着超氧化物歧化酶和过氧化氢酶。而严格厌氧细菌则不具备这两种酶，因此严格厌氧微生物在有氧条件下生长时，有毒的代谢产物在胞内积累，从而引起机体中毒死亡。耐氧性微生物只具有超氧化物歧化酶，而不具有过氧化氢酶，因此在生长过程中产生的超氧基化合物被分解去毒，过氧化氢则通过细胞内某些代谢产物进一步氧化而解毒，这是决定耐氧性微生物在有氧条件下仍可生存的内在机制。

不同的微生物对生长环境的氧化还原电位有不同的要求。环境的氧化还原位（Eh）与氧分压有关，也受 pH 的影响。pH 低时，氧化还原电位高；pH 高时，氧化还原电位低。通常以 pH 中性时的值表示。微生物生活的自然环境或培养环境（培养基及其接触的气态环境）的 Eh 值是整个环境中各种氧化还原因素的综合表现。通常情况下，Eh 值在 +0.1V 以上好氧性微生物均可生长，以 +0.3 ～ +0.4V 时为宜。-0.1V 以下适宜厌氧性微生物生长。不同微生物种类的临界 Eh 值不等。产甲烷古菌生长所要求的 Eh 值一般在 -330mV 以下，是目前所知的对 Eh 值要求最低的一类微生物。

培养基的氧化还原电位受诸多因子的影响，首先是分子态氧的影响，其次是培养基中氧化还原物质的影响。例如平板法培养是在接触空气的条件下，厌氧性微生物不能生长，但如果培养基中加入足量的强还原性物质（如半胱氨酸、硫代乙醇等），同样接触空气，有些厌氧性微生物还是能生长。这是因为在所加的强还原性物质的影响下，即使环境中有些氧气，培养基的 Eh 值也能下降到这些厌氧性微生物生长的临界 Eh 值以下。另一方面，微生物本身的代谢作用也是影响 Eh 值的重要因素，在培养环境中，微生物代谢消耗氧气并积累一些还原物质，如抗坏血酸、H_2S 或有机硫氢化合物（半胱氨酸、谷胱甘肽、二硫苏糖醇等），导致环境中 Eh 值降低。例如，好氧性化脓链球菌在密闭的液体培养基中生长时，能使培养液的最初氧化还原电位值由 +0.4V 左右逐渐降至 -0.1V 以下，因此，当好氧性微生物与厌氧性微生物生活在一起时，前者能为后者创造有利的氧化还原电位。在土壤中，多种好氧、厌氧性微生物同时存在，空气进入土壤，好氧性微生物生长繁殖，由于好氧性微生物的代谢，消耗了氧气，降低了周围环境的 Eh 值，从而创造了厌氧环境，为厌氧性微生物的生长繁殖提供了必要条件。

五、氧以外的其他气体

氮气对绝大多数微生物种类是没有直接作用的，在空气中，氮气只起着稀释氧气的作用，而对于固氮微生物，氮气却是它们的氮素营养源。空气中的 CO_2 是自养微生物利用光能或化能合成细胞自身有机物不可缺少的碳素养料。有些微生物如氢化酶，能吸收利用空气中的 H_2 作为电子供体。虽然空气中的氢含量很低，也不是影响微生物生长的重要环境因子。但在特殊环境中，如沼气池、沼泽、河底、湖底、瘤胃等厌氧环境中，其中大部分严格厌氧的产甲烷古菌能吸收利用氢气（由沼气池内其他的产 H_2 细菌产生）作为电子供体，将 CO_2 转化为 CH_4，再利用 CO_2 合成有机物。

六、辐射

辐射是电磁波，包括无线电波、可见光、X- 射线、γ- 射线和宇宙线等。大多数微生物不能利用辐射能源，辐射往往对微生物有害。只有光能营养型微生物需要光照，波长在 800 ~ 1000nm 的红外辐射可被光合细菌利用作为能源，而波长在 380 ~ 760nm 之间的可见光部分被蓝细菌和藻类用作光合作用的主要能源。

虽然有些微生物不是光合生物，但也表现出一定的趋光性。例如一种闪光须霉的菌丝生长有明显的趋光性，向光部位比背光部位生长得快而且旺盛。一些真菌在形成子实体、担子果、孢子囊和分生孢子时，也需要一定散射光的刺激，例如灵芝菌在散射光照下才长出具有长柄的盾状或耳状子实体。

太阳光除可见光外，还有长光波的红外线和短光波的紫外线。微生物直接暴晒在阳光中，由于红外线产生热量，通过提高环境中的温度和引起水分蒸发而导致干燥作用，从而间接地影响微生物的生长。短光波的紫外线则具有直接杀菌作用。

紫外线是非电离辐射，其波长范围为 13.6 ~ 390nm（136 ~ 3900A）。它们使被照射物的分子或原子中的内层电子提高能级，但不引起电离。不同波长的紫外线具有不同程度的杀菌力，一般以 250 ~ 280mn 波长的紫外线杀菌力最强，可作为强烈杀菌剂，如在医疗卫生和无菌操作中广泛应用紫外灯杀菌。紫外线对细胞的杀伤作用主要是由于细胞中 DNA 能吸收紫外线，形成嘧啶二聚体，导致 DNA 复制异常而形成致死作用。

微生物细胞经照射后，在有氧情况下，能产生光化学氧化反应，生成的过氧化氢（H_2O_2）能发生氧化作用，从而影响细胞的正常代谢。紫外线的杀菌效果，因菌种及生理状态不同、照射时间的长短和剂量的大小而有差异，干细胞比湿细胞对紫外线辐射抗性强，孢子比营养细胞更具抗性，有色的细胞能更好地抵抗紫外线辐射。经紫外线辐射处理后，受损伤的微生物细胞若再暴露于可见光中，一部分可恢复正常，称为光复活现象。

高能电磁波如 X- 射线、γ- 射线、α- 射线和 β- 射线的波长更短，而且有足够的能量使受照射分子逐出电子而使之电离，故称为电离辐射。电离辐射的杀菌作用除作用于细胞内大分子，如 X- 射线、γ- 射线能导致染色体畸变外，还间接地通过射线引起环境中水分子和细胞中水分子在吸收能量后产生自由基，这些游离基团能与细胞中的敏感大分子反应并使之失活。

电离辐射后所产生的上述离子常与液体内存在的氧分子作用，产生一些具强氧化性的过氧化物如 H_2O_2 和 HO_2 等，可使细胞内某些重要蛋白质和酶发生变化，如果这些强氧化性基团使酶蛋白质的 -SH 氧化，可使细胞受到损伤或死亡。

放射源 Co60 可发射出高能量的 γ- 射线，γ- 射线具有很强的穿透力和杀菌效果，在食品与制药等工业上，常将高剂量 γ- 射线（300 万伦琴）应用于罐头食品以及不能进行高温处理的药品的放射灭菌。

七、超声波

超声波是超过人能听到的最高频（20000 赫兹）的声波，在多个领域具有广泛的应用。适度的超声波处理微生物细胞，可促进微生物细胞代谢。强烈的超声波处理可致细胞破碎，因此，在获取细胞内含物的有关研究中，方法之一是用超声波破碎细胞。这种破碎细胞作用的机理是超声波的高频振动与细胞振动不协调而造成细胞周围环境的局部真空，引起细胞周围压力的极大变化，这种压力变化足以使细胞破裂，而导致机体死亡。另外超声波处理会导致热的产生，热作用也是造成机体死亡的原因之一。故在超声波处理过程中，通常采用间断处理和用冰盐溶液降温的方式以避免产生热失活作用。

几乎所有的微生物细胞都可被超声波破坏，只是敏感程度有所不同。超声波的杀菌效果及对细胞的其他影响与频率、处理时间、微生物种类、细胞大小、形状及数量等均有关系。杆菌比球菌、丝状菌比非丝状菌、体积大的菌比体积小的菌更易受超声波破坏，而病毒和噬菌体则较难被破坏，细菌芽孢具更强的抗性，大多数情况下不受超声波影响。一般来说，高频率比低频率杀菌效果好。

八、消毒剂、杀菌剂与化学疗剂

某些化学消毒剂、杀菌剂与化学疗剂对微生物生长有抑制或致死作用。如饮用水的消毒，能杀伤水中的微生物；化学疗剂如各类抗生素对微生物具有强烈的抑菌或杀菌作用。农作物病虫害的防治所施用的化学农药，部分残留在土壤中，对于土壤中的许多微生物有毒害作用等。各种化学消毒剂、杀菌剂与化学疗剂对微生物的抑制与毒杀作用，因其胞外毒性、进入细胞的透性、作用的靶位和微生物的种类不同而异，同时也受其他环境因素的影响。有些消毒剂与杀菌剂在高浓度时是杀菌剂，在低浓度时就有可能被微生物利用，作为养料或生长刺激因子。对微生物的杀伤或致死具有广谱性和在实践中常用的化学消毒剂、杀菌剂和与微生物关系密切的化学疗剂及其抑菌或杀菌机制有以下几方面：

（一）氧化剂

高锰酸钾、过氧化氢、漂白粉和氟、氯、溴、碘及其化合物都是氧化剂。通过它们强烈的氧化作用来杀死微生物。

高锰酸钾是常见的氧化消毒剂。一般以 0.1% 溶液用于皮肤、水果、饮具、器皿等消毒。该消毒剂需在应用时临时配制。

碘具有强穿透力，能杀伤细菌、芽孢和真菌，是强杀菌剂。通常用 3% ~ 7% 的碘溶于 70% ~ 83% 的乙醇中配制成碘酊用来消毒。

氯气可作为饮用水或游泳池水的消毒剂。常用 0.2 ~ 0.5μg/L 的氯气消毒。氯气在水中生成次氯酸，次氯酸分解成盐酸和初生氧。初生氧具有强氧化力，对微生物起破坏作用。

漂白粉也是常用的杀菌剂。它含次氯酸钙，在水中生成次氯酸并分解成盐酸和初生氧和氯。

初生氧和氯都能强烈氧化菌体细胞物质，致其死亡。5% ~ 20% 次氯酸钙的粉剂或溶液常用作食品及餐具、乳酪厂的消毒。

（二）还原剂

甲醛是常用的还原性消毒剂，它能与蛋白质的酰基和巯基起反应，进而引起蛋白质变性。商用福尔马林含 37% ~ 40% 的甲醛水溶液，5% 的福尔马林常用作动植物标本的防腐剂。福尔马林也用作熏蒸剂，每 m³ 空间用 6 ~ 10mL 福尔马林加热熏蒸就可达到消毒目的，也可在福尔马林中加 1/5 ~ 1/10 高锰酸钾使其气化，进行空气消毒。

（三）表面活性物质

具有降低表面张力效应的物质称为表面活性物质。乙醇、酚、煤酚皂（来苏儿）以及各种强表面活性的洁净消毒剂，如新洁尔灭等都是常用的消毒剂。乙醇只能杀死营养细胞，不能杀死芽孢。70%的乙醇杀菌效果最好，超过70%以致无水乙醇效果反而较差。无水乙醇可能与菌体接触后迅速脱水，表面蛋白质凝固形成了保护膜，从而阻止了乙醇分子进一步渗入胞内。浓度低于70%时，其渗透压低于菌体内渗透压，也影响乙醇进入胞内，因此这两种情况都会降低杀菌效果。酚（石炭酸）及其衍生物有强杀菌力，它们对细菌的有害作用可能主要是使蛋白质变性，同时又有表面活性剂的作用，破坏细胞膜的透性，使细胞内含物外泄。5%的石炭酸溶液可用作喷雾以消毒空气。微生物学中常以酚作为比较各种消毒剂杀菌力的标准。各种消毒剂和酚的杀菌作用的比较强度，称为消毒剂的"酚价"。甲酚是酚的衍生物，市售消毒剂煤酚皂液就是甲酚与肥皂的混合液，常用3%～5%的溶液来消毒皮肤、桌面及用具等。新洁尔灭是一种季铵盐，能破坏微生物细胞的渗透性。0.25%的新洁尔灭溶液可以用作皮肤及种子表面消毒。

（四）重金属盐类

大多数重金属盐类都是有效的杀菌剂或防腐剂。其中作用最强的是 Hg、Ag 和 Cu。它们易与细胞蛋白质结合使其变性沉淀，或能与酶的巯基结合而使酶失去活性。

汞的化合物如二氯化汞（$HgCl_2$），又名升汞，是强杀菌剂和消毒剂。0.1%的 $HgCl_2$ 溶液对大多数细菌有杀灭作用，通常用于非金属器皿的消毒。红汞（汞溴红）配成的红药水则用作创伤消毒剂。汞盐对金属有腐蚀作用，对人和动物也有剧毒。

银盐为较温和的消毒剂。医药上常有用0.1%～1.0%的硝酸银消毒皮肤。1%硝酸银滴液用以预防新生婴儿传染性眼炎。

铜的化合物如硫酸铜对真菌和藻类的杀伤力较强。常用硫酸铜与石灰配制的溶液来抑制农业真菌、螨以及防治某些植物病害。

（五）其他消毒与杀菌剂

无机酸、碱能引起微生物细胞物质的水解或凝固，因此也有很强的杀菌作用。微生物在1%氢氧化钾或1%硫酸溶液中5～10min就会出现大部分死亡的现象。毒性物质如二氧化硫、硫化氢、一氧化碳和氰化物等可与细胞原生质中的一些活性基团或辅酶成分特异性结合，使代谢作用中断，从而杀死细胞。染料特别是碱性染料，在低浓度下可抑制细菌生长。结晶紫、碱性复红、亚甲蓝、孔雀绿等都可用作消毒剂，1∶100000的结晶紫能抑制枯草杆菌、金黄色葡萄球菌及其他革兰氏阳性细菌的生长。

浓度 1 ： 5000 时可抑制大肠杆菌等革兰氏阴性菌生长。

（六）化学疗剂

化学疗剂的种类较多，与微生物关系最为密切的是抗生素（amibimics）与磺胺类抗代谢药物（antimetabolities）等。

1. 抗生素

抗生素是一类在低浓度时能选择性地抑制或杀灭其他微生物的低相对分子质量微生物次生代谢产物。通常以天然来源的抗生素为基础，再对其化学结构进行修饰或改造的新抗生素称为半合成抗生素（semisynthetic antibiotics）。近年来，随着医药学科不断发展，抗生素已不仅限于"微生物代谢产物"，还常可见"植物抗生素产物"之类的术语；抗生素的功能范围也不再局限于抑制其他微生物生长，而将能抑制肿瘤细胞生长的生物来源次生代谢产物也称为抗生素，一般把这类抗生素冠以定词，称抗肿瘤抗生素。

自 1929 年 A.Fleming 发现第一种抗生素青霉素以来，被新发现的抗生素已有约 10000 种，大部分化学结构已被确定，相对分子质量一般在 150 ～ 5000Da。但目前临床上常用于治疗疾病的抗生素尚不足 100 种。主要原因是大部分抗生素选择性差，对人与动物的毒性较大。

每种抗生素均有抑制特定种类微生物的特性，这一抑菌范围称为该抗生素的抗菌谱（antibiogram），抗微生物抗生素可分为抗真菌抗生素与抗细菌抗生素，而抗细菌抗生素又可分为抗革兰氏阳性菌、抗革兰氏阴性菌或抗分枝杆菌等抗生素。有的抗生素仅抗某一类微生物，如仅对革兰氏阳性细菌有作用，这些抗生素被称为窄谱抗生素。而有的抗生素对阳性细菌及阴性细菌等均有效果，因此被称为广谱抗生素（broad-spectrum antibiotics）。

一般抗生素有极性基团与微生物细胞的大分子相互作用，使微生物生长受到抑制甚至致死。抗生素抑制微生物生长的机制，因抗生素的品种与其所作用的微生物的种类的不同而异，一般是通过抑制或阻断细胞生长中重要大分子的生物合成或功能而发挥其功能。抗生素在抑制敏感微生物生长繁殖过程中的作用部位被称为靶位。

根据抗生素的结构不同被分为多种类型，一般把具有相同基本化学结构的天然或化学半合成的抗生素分为一个组，通常根据这一组中第一个被发现的或其基本化学性质来定名。同一组的不同抗生素常常具有类似的生物学特性，因此，在实践中显得方便与实用。

2. 抗代谢物

抗代谢药物又称代谢类似物或代谢拮抗物，它是指其化学结构与细胞内必要代谢物的结构很相似，是可干扰正常代谢活动的一类化学物质。抗代谢物具有良好的选择毒力，是一类重要的化学治疗剂。抗代谢物的种类很多，一般是有机合成药物，如磺胺类、5-氟尿嘧啶、氨蝶呤钠、异烟肼等。常用的抗代谢物是磺胺类药物（siilphonamidesdulfadrugs），可谓"物美价廉"。

研究显示，磺胺类药物的磺胺（sulfanilamide），其结构与细菌的一种生长因子，即对氧基苯甲酸（para-amino benzoic acid，PABA）高度相似。

许多致病菌具有二氢蝶酸合成酶，该酶以对氨基苯甲酸（PABA）为底物之一，经一系列反应，可自行合成四氢叶酸（tetrahydrofolic acid，THFA）。THFA是一种辅酶，其功能是负责合成代谢中的一碳基转移，而PABA则为该辅酶的一个组分。一碳基转移是细菌中嘌呤、嘧啶、核苷酸与某些氨基酸生物合成中不可或缺的反应。当环境中存在磺胺时，某些致病菌的二氢蝶酸合成酶在以二氢蝶啶和PABA为底物缩合生成二氢蝶酸的反应中，可错把磺胺当作对氨基苯甲酸为底物之一，合成不具功能的"假"二氢蝶酸，即二氢蝶酸的类似物。二氢蝶酸是二氢蝶啶和PABA为底物最终合成四氢叶酸的中间代谢物，而"假"二氢蝶酸则导致不能合成四氢叶酸，从而抑制细菌生长。即磺胺药物作为竞争性代谢拮抗物或代谢类似物（metabolite analogue）使微生物生长受到抑制，从而对这类致病菌引起的病患具有良好的治疗功效。

临床应用的磺胺药物种类很多，至今常用的有磺胺（sulfanilamide）、磺胺嘧啶（sulfadiazine，SD）和磺胺脒（sulfaguanidine，SG）等。

第四节　微生物对环境的适应与抗性

微生物在适宜环境条件中可正常生长与繁殖，而在不利的环境中，其生长与繁殖受到抑制，甚至死亡，这是环境对微生物作用的一个方面。而另一方面，微生物在与其所处环境的复杂的相互作用过程中，通过基因突变与环境对突变的选择，以及在其他各种水平上的适应，表现出与原先不能生存的环境"和谐相处"或趋利避害的生物性能。这里将讨论微生物对环境的适应与抗性的若干现象及其内在机制。

一、微生物的趋向性

微生物对环境变化能够做出多种适应性反应，如趋向运动（tactic movement）就是其中一种。当环境中存在某种有利于微生物生长的因子时，它们可以向着这种因子源的方向运动，称为正趋向性。当环境中存在某种不利于微生物生长的因子时，微生物便会背向运动避开这种因子源，称为负趋向性。这就是微生物在特定环境中为求得生存而做出的一种适应性反应。最简单的例子是从显微镜下观察微生物对氧的反应。将一滴细菌悬液置于盖玻片下培养，可以看到好氧性微生物向靠近盖玻片边缘聚集，因为此处氧浓度最大。微好氧性微生物则在离边缘一定距离的盖玻片下聚集。而厌氧微生物则常聚集在盖玻片的中央位置。又如生长在液体培养基试管中的微生物，它们可根据自身的生理特性，在适合自己的区域中生长，好氧性微生物生长在液体培养基试管的顶层，因为，液柱顶层中溶解氧含量相对较高，而厌氧性微生物生长在液体培养基试管底层，这是由于底层培养基中的溶解氧含量甚微，这就是微生物的趋氧与避氧性的表现。

根据引起微生物趋向性诱发因子的不同，趋向性可以分为趋化性、趋光性、趋磁性与趋电性等多种类型。

不同种类的化学物质或不同浓度的化学物质溶液对微生物所产生的正向性或背向性运动称为趋化性（chemotaxis）。根据细菌趋化性研究结果表明，细菌细胞表面存在着可以感受不同浓度梯度的化学物刺激作用的受体，当环境中存在着不同浓度的化学物质时，相应的受体产生相应的感受反应，反应能力的大小依赖于细菌表面受体的数量及受体对化学物质的亲和力，受体多、亲和力强，反应能力也强，反之则弱。

已知细菌表面的一些受体是具有特定构型的蛋白质分子。鼠伤寒沙门氏菌表面可能有 9 种受体能感受引起负趋向性化合物的刺激。大肠杆菌表面有 15 种受体能够感受引起正趋向性化合物的刺激，以及有 9 种受体能感受引起负趋向性化合物的刺激。细菌表面的趋向性受体通常可以分为氨基酸受体、糖受体和离子受体。它们有一定的专一性，但专一性不强。如鼠伤寒沙门氏菌的半乳糖受体，同时可以作为葡萄糖、果糖、乳糖与阿拉伯糖的受体，不同菌体对同一化合物的趋向性不一样，同一菌体对不同化合物的趋向性也不同。大肠杆菌对麦芽糖有趋向性而对乳糖却无趋向性，对丝氨酸有很强的趋向性，而对丝氨酸的分解代谢产物丙酮酸则无趋向性。

光合细菌表现出明显的趋光性（phototaxis）。光合细菌在一个有光照的培养液中培养，当它偶尔离开光照区时，菌体会停住并改变运动方向重新回到具有光线的区域。光合细菌对光的反应不是光的绝对量，而是光的强度差别，趋光细菌可以区别两个强度仅差 5% 的光源。光合细菌由于趋光而集中生长在细菌叶绿素的吸收波长区域内。对这种趋向性及其差异的机理研究，是细胞与分子生物学研究的前沿领域。

二、微生物的抗逆性

抗逆性（stress resistance）是指微生物对其生存生长不利的各种环境因素的抵抗和忍耐能力的总称。当微生物处于对其生存生长不利的逆境（environmental stress）时，由于微生物不像动物那样可通过远距离运动逃离逆境，即使某些微生物有一定的运动能力，其运动距离也十分有限。因而，微生物的抗逆主要通过自身的生理与遗传适应机制来实现。微生物中的抗性，研究较多的主要是与人类实践关系密切的抗性，如抗药性、抗热性、耐高渗透压、耐酸、耐重金属离子等。

（一）抗药性

微生物对以抗生素为主的药物的抗性简称为抗药性。当某种抗生素长期作用于一些敏感（病原）微生物时，微生物能够通过遗传适应，对特定抗生素表现出抗药性。研究表明，微生物抗药性的获得是由于发生了特定的基因突变，有关基因突变成为抗药性基因这一事件，并非由抗菌药物所诱发，而是在微生物接触特定抗生素之前就已发生，因此，它与药物是否存在并无直接关系。但环境中较高的抗生素浓度对获得抗药性的突变菌株起到了筛选、保留和诱导其表达的作用，并使该突变菌株能在含抗生素的环境中幸存并进而生长繁殖成为优势群体。微生物还可以通过抗药性质粒的输入与遗传重组等途径获得抗药性。

微生物产生抗药性有以下几种具体方式。

1.抗性细胞产生酶，使药物失去活性

例如抗青霉素菌株和抗头孢霉素菌株能产生内酰胺酶，使这两种抗生素结构中的内酰胺键开裂而失去活性。又如革兰氏阳性及革兰氏阴性细菌的抗药品系，产生氯霉素转乙酰酶、卡那霉素磷酸转移酶等，使相应的抗生素失去作用活性。

2.修饰和改变药物作用靶位

例如链霉素是通过结合到菌体核蛋白体的30S亚基上，改变其构型，干扰蛋白质的合成，从而达到抗菌效果。对链霉素产生抗性的菌株，单个染色体突变，导致30S核蛋白体亚单位的P10蛋白质组分的改变，链霉素不能与改变了的30S亚单位结合。这种失去核蛋白体与链霉素结合的敏感位点的菌株，成为高度抗性菌株。

3.改变细胞对药剂的渗透性与增强外排作用。此种作用有以下几种情况。

（1）细胞可以通过代谢作用把药剂转换成一个衍生物，此衍生物外排的速度比原药剂渗入细胞的速度快。

（2）细胞可分泌酶，将药剂转变成不能进入细胞的形式。例如委内瑞拉链霉菌由于改变膜透性，其可阻止四环素进入细胞并使四环素排出细胞，从而对四环素产生抗性。

4.形成救护途径

当某一药物封闭了某终产物合成途径中的一个步骤，影响了该产物的供应量时，可通过形成另一个途径产生该产物，从而获得抗药性。这类途径通常称为救护途径（salvage pa℃hway）。例如，在腺嘌呤核苷酸合成途径中，氮杂丝氨酸和重氮氧代正亮氨酸，抑制甲酰甘氨酰胺核糖 -5- 磷酸的酰胺化作用。这样细胞可以通过救护途径来获得腺嘌呤核苷酸，而不再需要甲酰甘氨酰胺核糖磷酸，微生物就不再受上两种药物的抑制。

（二）微生物对高温的抗性

在温泉、堆肥以及锅炉排水处等高温环境中，也生长有微生物。按照它们所生长的最高温度又可以将其分为两种类型：生长的最高温度在 75℃以上的嗜高温菌（也称高度好热菌）和生长最高温在 55 ～ 75℃的嗜亚高温菌（也称中度嗜热菌）。后一类菌中又可分为在 37℃以下环境中不能生长的专性嗜亚高温菌，及在 37℃以下也能生长的兼性嗜亚高温菌。

一般菌体在 60℃左右就会因蛋白质变性而引起死亡，但是这些嗜高温菌为什么能在一般蛋白质、核酸变性失活的高温下正常生长繁殖呢？经研究表明嗜高温菌的抗热能力是由菌体内的蛋白质、核酸、核糖体的热稳定性，菌体内所含脂肪酸类型以及存在于胞内的某些保护因子所决定的，这些因子的共同作用大大提高了菌体的抗热能力。

与嗜中温菌相比，嗜高温菌的酶对热更具抗性，将这些酶从细胞中提取后，仍能保持热稳定性。比较嗜高温和嗜中温菌的 3- 磷酸甘油醛脱氢酶（以下简称 GAPDH）的性质，两者非常相似，但它们的热稳定性又明显不同。

嗜高温菌与嗜中温菌的酶在进化上具有同源性，其耐热性的不同则是由于酶分子的内部结构差异决定的。嗜热栖热菌的 GAPDH 相对分子质量低一些，可能是切掉一部分与酶活性无关的部分后，提高了酶的耐热性。因为相对分子质量较小的蛋白质一般比相对分子质量较大的蛋白质具有更大的热稳定性。

嗜高温菌蛋白质（酶）的热稳定性与维持其内部立体结构的化学键，特别是和氢键、二硫键的存在及数量有关，一般是这些键的存在与数量的增加，酶的热稳定性也增加；这些键断裂，酶的热稳定性降低甚至丧失。

嗜高温菌核酸中的（G+C）mol% 比嗜中温菌的高，因此核酸熔点（tm）较高，DNA 的热稳定性也较高。例如芽孢杆菌属的嗜中温菌 DNA 的（G+C）mol% 为 45，嗜高温菌的为 53，前者 DNA 的平均为 87.8℃，而后者的 tm 为 90.7℃。在嗜高温菌的 tRNA 分子里，一方面（G+C）mol% 较高，另一方面在碱基分子里加入硫原子，从而提高了 tRNA 的热稳定性。例如在嗜热栖热菌的起始 tRNA 里就有这两种方式。碱基中这种硫原子主要是通过提高 tRNA 几个环之间的结合能力，来提高 tRNA 的解链温度。

嗜高温菌的细胞膜中的脂肪酸成分以长链饱和脂肪酸含量高，并且主要是一些分支的长链饱和脂肪酸（即含有 17，18 和 19 个碳原子）。例如嗜热脂肪芽孢杆菌的生长温度从 40℃提高到 60℃时，高温培养的细菌细胞膜中 16 碳分支脂肪酸含量比 40℃低温生长的含量增加了 3 ~ 4 倍，而不饱和脂肪酸含量却相应减少；在 50 ~ 70℃不同温度下生长的水生栖热菌的细胞膜里，随着生长温度的提高，细胞膜中 16 碳的分支脂肪酸增加的比例最大，而不饱和脂肪酸的含量降低。这表明细胞膜中长链分支饱和脂肪酸含量增加是微生物提高抗热能力的一种方式。另外嗜高温细菌细胞膜中糖脂含量的增加也可能有利于提高它的抗热能力。例如嗜热栖热菌细胞膜中脂类物质的主要成分是糖脂，这种糖脂为一种呋喃半乳糖苷 - 吡喃半乳糖苷（ -N-15- 甲基 - 十六酰)-葡萄糖胺 - 葡萄糖基甘油二酯。

嗜高温菌对高温的适应与抵抗，除了自身大分子物质酶、核酸及细胞膜脂肪酸的组成等结构变化之外，还与一些保护因子的作用相关。保护因子有一些金属离子（ Mg^{2+} ， Ca^{2+} 等）和一些低分子物质，如多胺等。胞内的 Ca^{2+} 可以提高嗜高温菌蛋白酶以及淀粉酶的热稳定性，因此提高 Mg^{2+} 浓度也可以提高嗜高温菌℃ RNA 的解链温度。

高温菌与非高温菌细胞内均发现存在有二胺、三胺和四胺等的碱性多胺类物质。其中四胺如热胺、热精胺或精胺等主要存在于嗜高温菌中，而二胺与三胺如腐胺、亚精胺主要存在于嗜中温菌中。研究表明多胺类物质不仅可以提高菌体合成蛋白质与核酸的能力，还可提高核酸的稳定性，并对某些酶有激活作用。

综上所述，高温性微生物通过酶蛋白、核酸及细胞膜等结构组成上的变化及一些保护因子的作用等综合抗热机制的组合与调控，使之获得了在高温环境中较稳定地生长繁殖的性能。这种耐热性的获得是微生物自身与外环境因子相互作用、长期选择进化的结果。

非高温菌用人工条件如适度热处理等，细胞可通过热激反应（heat shock response，HSR）或热休克反应来提高耐热能力。它是生物长期进化中形成的一种复杂的细胞保护机制。细胞受到热激时胞内合成热激蛋白（heat shock pro℃ein，Hsp）可以帮助有机体度过不良环境。无论原核生物还是高等真核生物，当环境温度升高或是其他环境变化时体内有相对分子质量从 10kDa 到 110kDa 不等的热激蛋白表达。Hsp 还在体内充当分子伴侣（molecular chaperones），帮助新合成多肽或使错误折叠蛋白完成正确折叠后运送至目的地。这也可能是 Hsp 帮助细胞度过不良环境，使之具有保护细胞的作用机制之一。有些热激蛋白基因在正常生长条件如细胞分裂周期、发育分化阶段表达。研究发现，尽管热激蛋白表达调控发生在多个水平，但主要是在基因转录水平，热休克因子（heat shock transcription factor，HSF）就是负责 hsp 基因转录的一类蛋白因子，HSF 的种类繁多，但都通过特异结合基因启动子上游序列即热激应答元件（heat shock element，HSE）促进心基因表达，对热激反应起正调节作用。

微生物耐热机制的研究不仅有利于人们在分子水平上了解高温性微生物耐热的机理和解析生物细胞的抗热进化历程，同时为人工控制条件下改善工业微生物菌株及其产物的耐热性，从而提高相关工业生产的经济效益提供了理论依据与实践指导。

（三）微生物对极端 pH 的抗性

一般微生物在 pH7 左右的范围内生长时，如环境 pH 稍有变化，微生物可以通过自身代谢调节维持细胞内 pH 的相对稳定。如通过合成一定的氨基酸脱羧酶或氨基酸脱氨酶，催化部分氨基酸分解生成有机胺或有机酸，能够对环境起到一定的缓冲作用，以免 pH 的剧烈变化。在极端 pH 条件下（＜ pH4.0 或＞ pH9.0），一般微生物的生长会受到抑制或死亡。而有些耐酸细菌或耐碱细菌仍能继续生长。例如嗜酸热原体生长要求 pH 为 0.5 ~ 3.0，环状芽孢杆菌能在 pH11.0 的环境中生长。但这两种细菌细胞内的 pH 却是中性的。胞内的酶只有在 pH7 左右时才有活性。嗜酸细菌如何维持胞内 pH 在近中性范围之内，其机制还不完全了解，目前认为是由于细胞膜对氢离子的不透性所引起的，从而能避免质子进入细胞。嗜碱细菌主要是通过主动分泌 OFT 离子的方式来保持胞内 pH 在中性附近。无论是嗜酸细菌还是嗜碱细菌，细胞壁与细胞膜在维持胞内 pH 的稳定上都起着重要作用。

（四）微生物对重金属离子毒害的抗性

在微生物正常生长中仅需要微量的重金属离子，一般在 0.1mg/L 或更少量就可以满足，过量会则产生毒害作用。但在一些重金属离子含量甚高的环境中，也有微生物生长。例如，在一些含铜量达到 68000mg/L 的泥炭沼泽地的土壤中和含铜量达 100mg/L 的水和泥土里仍有真菌生长；在含有砷、锑的酸性矿泉水中，虽然它们的浓度大大超过对生物产生毒性的水平，但是仍然有由藻类、真菌、原生动物和细菌组成的微生物群落存在。微生物免除高浓度重金属离子毒害的机制，据研究有以下几方面。

1.通过改变细胞膜透性，阻止金属离子进入细胞

微生物在高浓度重金属溶液中，可以通过改变细胞膜透性，阻止金属离子进入细胞。例如，在酸性矿泉水里生长的真菌，在 pH 为 2 ~ 3 时，即使 $CuSO_4$ 的浓度达到 1mol/L，也不能进入细胞。而当 pH 中性时，真菌对 $4 \times 10^{-5}mol/L CuSO_4$ 也敏感。这表明真菌对 Cu^{2+} 的抗性与环境中 pH 变化有密切关系。

2.产生某种螯合剂，抵抗金属离子的毒害

微生物能产生某种螯合剂，抵抗金属离子的毒害。例如砷、锑等金属，可以在细胞内或细胞外，与微生物产生的螯合剂形成复合物，避免这些金属使酶失活或不被微生物细胞吸收。

3. 通过酶促反应，使有毒物质转变成无毒化合物。

对重金属毒害作用产生抗性的第三种方式是通过酶促反应，使有毒物质转变成无毒化合物。$HgCl_2$ 能与细胞酶蛋白中的巯基结合，使酶失活。一些微生物可以由甲基钴胺素作辅酶及提供甲基，使 $HgCl_2$ 转变成甲基汞或二甲基汞，不再与巯基结合，故避免了其毒害作用，甲基汞还可被假单胞菌、金黄色葡萄球菌及肠道细菌还原成金属汞。

第四章 微生物生态

本章介绍微生物在土壤、水域、空气等自然界一般环境和高温、低温、高酸、高碱、高压、高辐射等极端环境中的分布，极端环境微生物在极端环境中的适应机理，和微生物生态系中的基本规律。微生物与微生物之间存在着互利、共生、竞争、寄生、拮抗、捕食等各种关系，这些关系影响着不同微生物种群在自然环境中的消长。微生物与植物之间发生着有益关系和有害关系，有些微生物可以为植物创造更好的营养和生存环境，抑制植物的病原微生物的生长与侵害；有些微生物却是植物的病原菌。微生物生态系统有着生态系统的多样性、生态系统中微生物种群的多样性、生态系统的稳定性，微生物生态系统具有适应性和被破坏后的修复能力。微生物生态系统中具有能量流、物质流和基因流。

微生物和地球上的所有生命体一样，与客观环境相互作用，构成一个动态平衡的统一整体，并在其中有一定规律性地分布、发育和参与各种物质循环。因此在一定的生态体系中，发育着不同特征性的微生物类群和数量，并在物质转化和能量转化中呈现出各自不同的活动过程和活动强度。这种特征不仅受环境因子的直接或间接影响，而且由微生物本身所具有的适应性所决定。

微生物生态学就是研究处于环境中的微生物和与微生物生命活动相关的物理、化学和生物等环境条件，以及它们之间的相互关系。

微生物生态系即是在某种特定的生态环境条件下微生物的类群、数量和分布特征，以及参与整个生态系中能量流动和生物地球化学循环的过程和强度的体系。

研究微生物生态系，掌握微生物在其中的生命活动规律，便可以更好地发挥它们的有益作用。

第一节 自然环境中的微生物

由于微生物本身的特性，如营养类型多、基质来源广、适应性强，又能形成芽孢、孢囊、菌核、无性孢子、有性孢子等各种各样的休眠体，其可以在自然环境中长时间存活；另外，微生物个体微小，易为水流、气流或其他方式迅速而广泛地传播，因此微生物在自然环境中的分布极为广泛。从海洋深处到高山之巅，从沃土到高空，从室内到室外，除了人为的无菌区域和火山口中心外，到处可以发现微生物存在。许多微生物物种不仅是区域性的也是世界性的，也有一部分微生物因其本身的特殊生理特性而局限分布于某些特定环境或极端条件的环境中。

一、土壤中的微生物

（一）土壤是微生物生长和栖息的良好基地

土壤具有绝大多数微生物生活所需的各种条件，是自然界微生物生长繁殖的良好基地。其原因在于土壤含有丰富的动植物和微生物残体，可供微生物作为碳源、氮源和能源。土壤含有大量而全面的矿质元素，供微生物生命活动所需。土壤中的水分还可满足微生物对水分的需求。无论通气条件如何，都可适宜某些微生物类群的生长。通气条件好可为好氧性微生物创造生活条件；通气条件差，处于厌氧状态时又成了厌氧性微生物发育的理想环境。土壤中的通气状况变化时，生活其间的微生物各类群之间的相对数量也发生变化。土壤的值范围在 3.5 ~ 10.0，多数在 5.5 ~ 8.5，而大多数微生物的适宜生长 pH 也在这一范围。即使在较酸或较碱性的土壤中，也有较耐酸、喜酸或较耐碱、喜碱的微生物发育繁殖，各得其所地生活着。土壤温度变化幅度小而缓慢，夏季比空气温度低，而冬季又比空气温度高，这一特性极有利于微生物的生长。土壤的温度范围恰是中温性和低温性微生物生长的适宜范围。

因此，土壤是微生物资源的巨大宝库。事实上，许多对人类有重大影响的微生物物种大多是从土壤中分离获得的，如大多数产生抗生素的放线菌就是分离自土壤。

（二）土壤中的微生物数量与分布

土壤中微生物的类群、数量与分布，由于土壤质地发育母质、发育历史、肥力、季节、作物种植状况、土壤深度和层次等不同而有很大差异。1g 肥沃的菜园土中通常可含有 108 个甚至更多的微生物，而在贫瘠土壤如生荒土中仅有 103 ~ 107 个微生物，甚至更低。土壤微生物中细菌最多，作用强度和影响最大，放线菌和真菌类次之，藻类和原生动物等数量较少，影响也最小。

1. 细菌

土壤中细菌可占土壤微生物总量的 70% ~ 90%，其生物量可占土壤总量的 1/10000 左右。但它们数量大，个体小，与土壤接触的表面积特别大，是土壤中最大的生命活动面，也是土壤中最活跃的生物因素，推动着土壤中的各种物质循环。细菌占土壤有机质的 1% 左右。土壤中的细菌大多为异养型细菌，少数为自养型细菌。土壤细菌中有许多不同的生理类群，如固氮细菌、氨化细菌、纤维分解细菌、硝化细菌、反硝化细菌、硫酸盐还原细菌、产甲烷细菌等在土壤中都有存在。细菌在土壤中的分布方式一般是黏附于土壤团粒表面，形成菌落或菌团，也有一部分散布于土壤溶液中，且大多处于代谢活动活跃的营养体状态。但由于它们本身的特点和土壤状况不一样，其分布也不一样。

细菌积极参与着有机物的分解、腐殖质的合成和各种矿质元素的转化。

2. 放线菌

土壤中放线菌的数量仅次于细菌，它们以分枝丝状营养体缠绕于有机物或土粒表面，并伸展于土壤孔隙中。1g 土壤中的放线菌孢子可达 $10^7 \sim 10^8$ 个，占土壤微生物总数的 5% ~ 30%，在有机物含量丰富和偏碱性土壤中这个比例更高。由于单个放线菌菌丝体的生物量较单个细菌大得多，因此尽管其数量上少些，但放线菌总生物量与细菌的总生物量相当。

土壤中放线菌的种类十分繁多，其中主要是链霉菌。目前已知的放线菌种大多是分离自土壤。放线菌主要分布于耕作层中，随土壤深度增加而数量和种类逐渐减少。

3. 真菌

真菌是土壤中第三大类微生物，广泛分布于土壤耕作层，1g 土壤中可含 $10^4 \sim 10^5$ 个真菌。真菌中霉菌的菌丝体像放线菌一样，发育缠绕在有机物碎片和土粒表面，向四周伸展，蔓延于土壤孔隙中，并形成有性或无性孢子。

土壤霉菌为好氧性微生物，一般分布于土壤表层，深层则较少发育。真菌较耐酸，在 pH5.0 左右的土壤中，细菌和放线菌的发育受到限制，而土壤真菌在土壤微生物总量中占有较高的比例。

真菌菌丝比放线菌菌丝宽几倍乃至几十倍，因此土壤真菌的生物量并不比细菌或放线菌少。据估计，每克土壤中真菌菌丝长度可达 40m，以平均直径 5μm 计，则每克土壤中的真菌活重为 0.6mg 左右。土壤中酵母菌含量较少，每克土壤在 $10 \sim 10^3$ 个，但在果园、养蜂场土壤中含量较高，每克果园土可含 10^5 个酵母菌。

土壤中真菌有藻状菌、子囊菌、担子菌和半知菌类，其中以半知菌类最多。

4. 藻类

土壤中藻类的数量远较其他微生物类群为小，在土壤微生物总量中不足 1%。在潮湿的土壤表面和近表土层中，发育有许多大多为单细胞的硅藻或呈丝状的绿藻和裸藻，偶见有金藻和黄藻。在温暖季节的积水土面可发育有衣藻、原球藻、小球藻、丝藻、绿球藻等绿色和黄褐色的硅藻，水田中还有水网藻和水绵等丝状绿藻。这些藻类为光合型微生物，因此易受阳光和水分的影响，但它们能将 CO_2 转化为有机物，可为土壤积累有机物质。

5. 原生动物

土壤中原生动物的数量变化很大，每克有 10 ~ 105 个，在富含有机物质的土壤中含量较高。种类有纤毛虫、鞭毛虫和根足虫等单细胞能运动的原生动物。它们形态和大小差异都很大，其以分裂方式进行无性繁殖。原生动物吞食有机物残片和土壤中的细菌、单细胞藻类、放线菌和真菌的孢子，因此原生动物的生存数量往往会影响土壤中其他微生物的生物量。原生动物对于土壤有机物质的分解具有显著作用。

（三）土壤微生物区系

土壤微生物区系是指在某一特定环境和生态条件下的土壤中所存在的微生物种类、数量以及参与物质循环的代谢活动强度。

在研究微生物区系时，应该注意到没有一种培养基或培养条件能够同时培养出土壤中所有的微生物种类。任何一种培养基都是选择性培养基，只是各种培养基的选择范围和选择对象不同。因此必须采用各种选择性高的培养基来测定土壤中特定的生理类群数量。应用分子生物学技术研究表明，运用微生物学传统方法分离培养的种类仅占土壤等环境微生物种类总量的 1% 左右，而大部分仍是至今不可培养的未知种类。

对比研究不同土壤微生物区系的特征，可以反映土壤生态环境的综合特点，如土壤的熟化程度和生态环境。如圆褐固氮菌可以作为土壤熟化程度的指示微生物，其在各种生荒土壤中基本分离不到，而在耕种后的土壤中就能分离到，而且耕作年限越长，每克土壤中的圆褐固氮菌数量越多。纤维分解菌的优势种在不同熟化程度的土壤中不一样。在生荒土中主要是丛霉；在有机质矿化作用强，含氮量较高的土壤中主要是毛壳霉和镰刀霉；在熟化土壤中的优势菌是堆囊粘细菌和生孢食纤维菌；而在施用有机肥和无机氮肥的土壤中，纤维弧菌和食纤维菌为优势菌。

土壤微生物区系中的微生物种类、数量以及活动强度等特点随着季节变化（包括温度、湿度和有机物质的进入等）而发生强烈的年周期变化。根据土壤微生物各类群在土壤中的发育特点，可以分为土著性区系和发酵性区系两类。

1. 土著性微生物区系

指那些对新鲜有机物质不很敏感且常年维持在某一数量水平上，即使由于有机物质的加入或温度、湿度变化而引起数量变化，其变化幅度也较小的那些微生物，如革兰氏阳性球菌类、色杆菌、芽孢杆菌、节杆菌、分枝杆菌、放线菌、青霉、曲霉、丛霉等。

2. 发酵性微生物区系

指那些对新鲜有机物质很敏感，在有新鲜动植物残体存在时可爆发性地旺盛发育，而在新鲜残体消失后又很快消退的微生物区系。包括各类革兰氏阴性无芽孢杆菌、酵母菌以及芽孢杆菌、链霉菌、根霉、曲霉、木霉、镰刀霉等。发酵性微生物区系的数量变幅很大。因此在土壤中有新鲜有机残体时，发酵性微生物大量发育占优势；而新鲜有机残体被分解后，发酵性微生物衰退，土著性微生物重新占优势。

二、水体中的微生物

水体是人类赖以生存的重要环境。地球表面有71%为海洋，贮存了地球上97%的水。其余2%的水贮存于冰川与两极，0.009%存于湖泊中，0.00009%存于河流，还有少量存于地下水。凡有水的地方都会有微生物存在。水体微生物主要来自土壤、空气、动植物残体及分泌排泄物、工业生产废弃物废水及市政生活污水等。许多土壤微生物在水体中也可见到。水中溶有或悬浮着各种无机和有机物质，可供微生物生命活动之需。但由于各水体中所含的有机物和无机物种类和数量以及酸碱度、渗透压、温度等的差异，所以各水域中发育的微生物种类和数量各不相同。

根据水体微生物的生态特点，可将水域中的微生物分为两类：一是清水型水生微生物。主要是那些能生长于含有机物质不丰富的清水中的化能自养型或光能自养型微生物。如硫细菌、铁细菌、衣细菌等，还有蓝细菌、绿硫细菌、紫细菌等，它们仅从水域中获取无机物质或少量有机物质作为营养。清水型微生物发育量一般不大。二是腐生型水生微生物。腐败的有机残体、动物和人类排泄物、生活污水和工业有机废弃物废水大量进入水体，随着这些废弃物废水进入水体的微生物能够利用这些有机废弃物废水作为营养而大量发育繁殖，从而引起水质腐败。随着有机物质被矿化为无机态后，水被净化变清。这类微生物以不生芽孢和革兰氏阴性杆菌为多，如变形杆菌、大肠杆菌、产气杆菌、产碱杆菌以及芽孢杆菌、弧菌和螺菌等，原生动物有纤毛虫类、鞭毛虫类和根足虫类。水域也常成为人类和动植物病原微生物的重要传播途径。

各类水体中的微生物种类、数量和分布特征都不一样。大气水和雨雪中仅为空气尘埃所携带的微生物所污染，一般微生物数量不高，尤其在长时间降雨过程的后期，菌数较少甚至可达无菌状态。高山积雪中也很少。大气水和雨雪中微生物的种类主要有各种球菌、杆菌和放线菌以及真菌的孢子。在流动的江河湖水中微生物区系的特点与流经接触的土壤和是否流经城市密切相关。土壤中的微生物随雨水冲刷、灌水排放和刮风等进入河水，或悬浮于水中，或附着于水中有机物上，或沉积于江河淤泥中。流经城市时由于大量的城市污水废弃物进入河流从而导致大量的微生物进入河水，因此城市下游河水中的微生物无论在数量上还是在种类上都要比上游河水中的丰富得多。河水中藻类、细菌和原生动物等都有存在。池塘水一般由于靠近村舍，有机物进入量较丰富，且受人畜粪便污染，因此往往有大量腐生性细菌、藻类、原生动物生存和繁殖。在水体表层常有好氧性细菌生长和单细胞或丝状藻类繁殖，而在下层和底泥层则常有厌氧性或兼性厌氧性细菌分布。在湖泊中的微生物分布与池塘中的相类似。

但在大型湖泊中，由于水体的不流动性和污染物分布的不均匀性，微生物的分布在各部分水体中有所差异。一般来说沿岸水域中的微生物要比湖泊中心水域中的微生物丰富得多，其活性也高。地下水一般有机物污染少，微生物种群数量也相对较少。

海水是地球上最大的水体，但由于海水具有含盐高、温度低、有机物含量少、在深处有很大的静压力等特点，因此海水微生物区系与其他水体中的很不一样。只有能适应于这种特殊生态环境的微生物才能生存和繁殖。这包括嗜盐或耐盐的革兰氏阴性细菌、弧菌、光合细菌、鞘细菌等。这些微生物的嗜盐浓度范围不大，且以海水中盐浓度为最宜，少数可在淡水中生长，但不能在高盐浓度（如30%）生长。最适生长温度也低于其他生境中的微生物，一般为 12 ~ 25℃，超过 30℃就难以生长。许多深海细菌是耐压的。最适生长 pH 在 7.2 ~ 7.6。海水中微生物的分布以近海岸和海底污泥表层为最多，海洋中心部位水体中数量较少。从垂直分布来看，10 ~ 50m 深处为光合作用带，浮游藻类生长旺盛，也带动了腐生细菌的繁殖，再往下则数量大为减少。

三、空气中的微生物

空气并不具备微生物生长所必需的营养物质和生存条件，因此空气并不是微生物生长繁殖的良好场所。但空气中仍存在有细菌、病毒、放线菌、真菌、藻类、原生动物等各类微生物。它们来源于被风吹起的地面尘土和水面小水滴以及人、动物体表的干燥脱落物、呼吸道分泌物和排泄物等。霉菌有曲霉、青霉、木霉、根霉、毛霉、白地霉等，酵母有圆球酵母、红色圆球酵母等。细菌主要来自土壤，如芽孢杆菌属的许多种。

空气中微生物的地域分布差异很大，城市上空中的微生物密度大大高于农村，无植被地表上空中的微生物密度高于有植被覆盖的地表上空，陆地上空则高于海洋上空。室内空气又高于室外空气。微生物在空气中滞留的时间与气流流速、空气温度和附着粒子的大小密切相关。气流低速、高温和大粒子都可导致微生物下沉乃至跌落地面。

四、极端环境中的微生物

在高温环境、低温环境、高压环境、高碱环境、高酸环境、高盐环境，还有高卤环境、高辐射环境和厌氧环境，一般生物难以生存，只有某些特殊生物和特殊微生物才能生存，这些环境被称为极端环境。如温泉、热泉、堆肥、火山喷发处、冷泉、酸性热泉、盐湖、碱湖、海洋深处、矿尾酸水池、某些工厂的高热和特异性废水排出口处等都是极端环境。能在这些极端环境中生存的微生物即为极端环境微生物。微生物对极端环境的适应是长期自然选择的结果，也是自然界生物进化的重要动因之一。极端环境微生物细胞内的蛋白质、核酸、脂肪等分子结构、细胞膜的结构与功能、霉的特性、代谢途径等许多方面，都有别于其他普通环境微生物的特点。

（一）高温环境中的微生物

自然界有许多高温环境，人类在工农业生产中也人为地创造了许多高温环境。在这些高温环境中存在着许多不同种类和不同温度适应性的高温微生物。一般来说，原核微生物比真核微生物、非光合细菌比光合细菌以及构造简单的生物比构造复杂的生物更能在高温下生长。

高温微生物可分为以下三类。

1. 极端嗜热菌，最适生长温度为 65 ~ 70℃，最低生长温度在 40℃以上，最高生长温度在 70℃以上。如酸热硫化叶菌最适生长温度为 70 ~ 75℃，最高生长温度为 85 ~ 90℃。科学家已从深底热液口分离到能在 121℃生长的古细菌株 121，其最适生长温度为 106℃。

2. 兼性嗜热菌，最高生长温度在 50 ~ 60℃，但在室温下仍具备生长与繁殖能力，只是生长缓慢。

3. 耐热细菌，最高生长温度在 45 ~ 50℃，在室温中生长较中温性细菌差而较兼性嗜热菌好。对于这种分类的温度界限，各研究者认定的有所不同。

关于嗜热菌耐热的生物学机制，已在第五章第四节中阐述，这里不再涉及。

（二）高盐环境中的微生物

自然界中高盐环境主要是盐湖、死海、盐场和腌制品。盐湖、死海等环境水体的含盐量可达 1.7% ~ 2.5%，盐场和腌制品的盐浓度更高。能在这些高盐环境中生存繁殖的微生物称为嗜盐性微生物。

根据嗜盐性微生物对盐浓度的适应性和需要性，可以将它们分为不同的嗜盐类群。常见的极端嗜盐菌有盐杆菌和盐球菌中等嗜盐菌有盐脱氮副球菌、嗜盐动性球菌、红皮盐杆菌等。

嗜盐细菌能在高盐环境中生存，嗜盐的机制大致认为有以下三种。

1. 具有对高盐浓度适应性的生理机能

如嗜盐菌细胞内具有与细胞外离子浓度相当的高离子浓度，使胞内外等渗而不使胞内脱水。细胞内有高浓度的 K^+，因而可以排斥环境中高浓度 Na^+ 的进入，同时可以稳定胞内核糖体的结构和活性。

2. 嗜盐菌中的许多酶必须在高盐浓度下才显示活性

如红皮盐杆菌的异柠檬酸脱氢酶、极端嗜盐菌的天门冬氨酸转氨甲酰酶等。

3. 嗜盐菌具有异常的紫膜

在光合作用时紫膜具有 H^+ 泵的作用，产生膜电位差，用于合成 ATP，同时 H^+ 泵可以将胞内的盐泵出体外，从而使菌体内维持一定的离子浓度而且能在高盐浓度下生存。

（三）高酸、高碱环境和高压环境中的微生物

高酸环境如某些含硫矿的矿尾水，酸性热泉，以及人为有机酸发酵等处，都有一些嗜酸性微生物存在，如氧化硫硫杆菌在氧化 S^{2-} 为 SO_4^{2-} 时可在 $5\%H_2SO_4$ 和 pH1.0 ~ 1.5 的环境中进行生命活动。高碱环境如某些碱性温泉、矿尾水等处，也有一些嗜碱的微生物生存。如环状芽孢杆菌可在 pH 高达 11.0 的环境中生活，无论环境中是酸性或碱性，生存其中的微生物都有一整套良好的调节系统，使得胞内的 pH 维持在正常的 6.8 左右，既不会因嗜酸而降低，也不会因嗜碱而增加。如嗜酸菌依赖质子泵从细胞中排出质子，或有一种特异的钠离子泵的作用，或靠细胞表面栅栏阻止质子渗入。尽管某些调节机能的机理还不是很清楚，但分子遗传学的研究表明，嗜碱细菌的嗜碱性仅为少数基因所控制。

高压环境主要是海洋深处和深油井内等。在这些环境中，一般每深 10m 即可增加一个大气压，而且深油井环境中每深 10m 可提高温度 0.14℃。如在 10000m 深处即有 101.325MPa。一般微生物都因不能忍受高压而无法生存，但仍有少数微生物喜欢在此高压下生存，如专性嗜压菌即是在 101.325MPa 处分离获得的。嗜压菌的最大特点是生长极为缓慢。在 3℃下培养，滞留适应期需 4 个月，倍增时间需 33 天，一年后才达到静止期，生长速率仅相当于常压微生物生长速率的 1/1000。耐高压或嗜高压微生物的耐高压机理尚不清楚。

第二节　微生物之间的相互关系

在自然界的某一生境中，总是有许多微生物类群栖息在一起，极少可能为单一或单一类群单独存在，这就构成了微生物与微生物之间的相互关系。但由于环境因子组成及影响条件不同，在各个生境中的微生物类群组成也就很不一样。而且由于各微生物类群的起始数量、代谢能力、生存和繁殖能力、抵抗外界不利环境因子的能力、适应能力等方面的不同，微生物类群之间所构成的相互关系可以各种各样，如偏利共栖、互利共栖、共生、竞争、拮抗、寄生和捕食等关系。

就是在同一群体内，也存在着以群体密度为调节杠杆的正、负两种相互作用。正作用是指增加群体生长率，负作用则是指降低群体生长率。

在最适群体密度时可以具有最大生长率。在群体处于最适密度以下但不是太小时，细胞间可以相互利用各种代谢中间物，并可以共同调节生长起始时不太适宜的 pH、氧还电位等环境条件，从而促进生长率的提高，因而一般通常以正作用为主。适宜的群体密度还可以提高群体对环境的适应性，如遇到不利因子时，可由群体内的一部分

细胞掩护另一部分细胞，便得以继续生存和繁衍。一旦群体密度超过最适密度时，由于处于有限的营养条件和日益积累的生长有毒物质以及恶化的环境条件，生长速率会出现降低，这就是群体内的负作用。

一、共栖关系（commensalism）

这种现象是指在一个生态系统中的两个微生物群体共栖时，双方可能有以下两种情况。

（一）偏利共栖关系

这种情况是一个群体得益而另一个群体并无影响。如好氧性微生物和厌氧性微生物共栖时，好氧性微生物消耗环境中的氧，为厌氧性微生物的生存和发展创造厌氧的环境条件。也可以是一个微生物类群为另一个微生物群体提供营养或生长刺激物质，促进后一群体的生长和繁育。

还可以是一个微生物群体为另一个微生物群体提供营养基质。这种关系在自然界中是十分普遍的，并且对于微生物类群的演替具有重要的生态意义。

（二）互利共栖关系

这种情况是指两个微生物群体共栖时互为有利的现象。共栖可使双方都能较之单独生长时更好，生命力更强。这种互利可能是由于：互相提供了营养物质；互相提供了生长素物质；改善了生长环境；或兼而有之，例如纤维分解微生物和固氮细菌的共栖，纤维分解菌分解纤维产生的糖类可为固氮细菌提供碳源和能源，而固氮细菌固定的氮素可为纤维分解微生物提供氮源，互为有利从而促进了纤维分解和氮素固定。又如在乙酸、丙酸、丁酸和芳香族化合物的厌氧降解产甲烷过程中，各降解菌（产氢产乙酸细菌）分解这些物质为 H_2/CO_2 和乙酸等，为产甲烷细菌提供了生长和产甲烷基质，而这些降解菌在环境中高氢分压时便不能降解这些物质，正是由于产甲烷细菌利用消耗了环境中的氢，使环境中维持低氢分压，促使了这些降解菌的继续降解。

二、共生关系（symbiosis）

有些具有互利关系的两个微生物群体相互更为密切，甚至形成结构特殊的共生体物，两者绝对互利，分开后有的甚至难以单独存活，而且互相之间具有高度专一性，一般不能由其他种群取代共生体中的组成成员。

由某些藻类或蓝细菌与真菌组成的地衣（lichen）是微生物之间典型的共生体，形成特定的结构，能像一种生物那样繁衍生息，并具备了独立的分类地位和系统。地衣中的藻类或蓝细菌进行光合作用，某些藻类可以固定大气氮素，可为真菌提供有机化合物作为碳源和能源、氮源以及 O_2，而真菌菌丝层则不仅为藻类或蓝细菌提供栖息之处，还可提供矿质营养和水分甚至生长物质。共生体中的藻类主要是念珠藻，还有绿藻或黄藻，真菌则大多数是子囊菌中的盘菌，其次为核菌，少数为担子菌。

它们之间可以分成专性共生、兼性共生和寄生三种关系。专性共生即真菌和藻类共生后，形态发生改变，真菌不能独立存活。兼性共生即真菌形态并不发生改变，分开后仍可独立存活。寄生则真菌寄生于藻类上，营寄生活。地衣能抗不良环境，是土壤形成的先锋生物，对空气污染尤其是 SO_2 甚为敏感，可以作为某地域大气污染程度的指示生物。

原生动物与藻类的共生是又一种普遍存在的共生现象。许多原生动物可以与藻共生，还可从藻类光合作用过程中获得有机物质和 O_2，并为藻类提供 CO_2 进行光合作用。近来也发现原生动物体内有产甲烷细菌内共生。

科学家最新研究发现，一种作为寄主的生物可能需要依靠内部共生体才能生存下去。有人发现真菌微孢根霉和生活在其细胞内的细菌之间存在特殊的共生合作关系，即这两个种结合起来，才能有效地分解水稻幼苗作为营养来源，造成水稻幼苗的枯萎。这种细菌在其中起了关键作用：细菌产生了一种造成幼苗枯萎的植物毒素。另一方面，这种真菌需要生活在其细胞质内的细菌才能进行繁殖。当用抗生素杀死内生的细菌后，真菌细胞无法产生孢子，而当再次将两种生物结合起来形成共生关系后，便恢复产生孢子。表明细菌对于真菌的繁殖是必需的，显示出这种真菌孢子的产生依赖于另一种生物的存在。反过来真菌为细菌的存在提供了空间、保护和营养来源。

三、竞争关系（competition）

竞争关系是指在一个自然环境中存在的两种或多种微生物群体共同依赖于同一营养基质或环境因素时，产生的一方或双方微生物群体在数量增殖速率和活性等方面受到限制的现象。

这种竞争现象普遍存在，并造成了强者生存，弱者淘汰的现象。竞争营养是可观察到的现象，在环境中两种微生物类群都可利用的同一种营养基质十分有限时尤其明显。如厌氧生境中，硫酸盐还原细菌和产甲烷细菌都可利用 H_2/CO_2 或乙酸，但是硫酸盐还原细菌对于 H_2 或乙酸的利用亲和力较产甲烷细菌为高。因此一般情况下硫酸盐还原细菌可以相当的优势优先获得有限的 H_2、乙酸等基质而迅速生长繁殖，产甲烷细菌却只能处于生长劣势。一般来说，在营养基质有限的生境中，对于营养源具有高亲和力、固有生长速率高的群体，会以压倒优势取代那些亲和力低、固有生长速率低的群体，起到一种竞争排斥的作用。

环境条件的改变会导致微生物群体生长速率的改变，也会导致竞争结果的改变。

厌氧反应器中乙酸浓度的改变会导致利用乙酸产甲烷的产甲烷细菌优势种群的改变。微生物群体对于不良环境的抗逆性，如抗干燥、抗热、抗酸、抗碱、抗辐射、抗盐、抗压等的差异，在环境因素发生变化时，都会导致双方竞争力变化，从而改变竞争的结果。如温度的改变也可导致微生物优势种群的变化。在同一生境中，处于偏低温度时，那些适应偏低温度的种群可以迅速增殖，而那些需要较高温度才能生长的群体，由于温度不适宜而增殖缓慢。当环境温度增高时，需要较高温度生长的群体可迅速增殖而成为优势种群，相反适宜于偏低温度生长的群体由于温度太高而难以继续快速增殖而衰落下去。

微生物之间的竞争还表现在对于生存空间的占有上，在一个空间有限的环境中，生长发育繁殖快的微生物会优先抢占生存空间，而生长速率慢的微生物的生长则会受到遏制和空间限制。

四、拮抗现象（antogonism）

由于一种微生物类群生长时所产生的某些代谢产物，抑制甚至毒害了同一生境中的另外微生物类群的生存，而其本身却不受影响或危害，这种现象称之为拮抗现象。拮抗现象也是自然界中普遍存在的现象。

这种微生物之间的拮抗现象可以分为两种：一是由于一类微生物的代谢活动改变了环境条件而使改变了的环境条件不适宜于其他微生物类群的生长和代谢。例如人们在腌制酸菜或泡菜时，便创造了厌氧条件，以促进乳酸细菌的生长，进行乳酸发酵，产生的乳酸降低了环境的 pH，使得其他不耐酸的微生物不能生存而腐败酸菜或泡菜，乳酸细菌却不受影响。含硫矿尾水中，由于硫杆菌的活动，使 pH 大大降低，因而其他微生物也难以在这种环境中生存。二是一类微生物产生某些能抑制甚至杀死其他微生物类群的代谢产物。较普遍的是产抗生素的微生物在环境营养丰富时，可以产生抗生素。不同种类与结构的抗生素可以选择性地抑制各类微生物，但对其自身却毫无影响。

五、寄生关系（parasitism）

一种微生物通过直接接触或代谢接触，使另一种微生物寄主受害乃至个体死亡，而使它自己得益并赖以生存，这种关系称为寄生关系。

从寄生菌是否进入寄主体内，可以分为外寄生（ectoparasitism）和内寄生（endoparasitism）两种。外寄生指寄生菌并不进入寄主体内的寄生方式。内寄生则是寄生菌进入寄主体内的方式。

外寄生方式如黏细菌对于细菌的寄生，黏细菌并不直接接触细菌，而是在一定距离外，依靠其胞外酶溶解敏感菌群，使敏感菌群释放出营养物质供其生长繁殖。内寄生方式较为普遍，寄生关系可以有病毒寄生于细菌、放线菌和蛭弧菌，蛭弧菌寄生于细菌，真菌寄生于真菌、藻类等，原生动物又可被细菌、真菌和其他原生动物所寄生。

寄生菌与寄主之间的专一性很强，寄生菌都限定于特定的寄主对象。作为微生物群体，寄生现象显示了一种群体调控作用。因为寄生现象的强度依赖于寄主群体的密度，而又可造成寄主群体密度的下降。寄主群体密度的下降减少了寄生菌可利用的营养源，使寄生菌减少。寄生菌的减少又为寄主群体的发展创造了条件。这样循环往复，时刻调整着寄生群体和寄主群体之间的比例关系。

六、捕食关系（predation）

捕食关系是指一种微生物以另一种微生物为猎物进行吞食和消化的现象。在自然界中最典型和最大量的捕食关系是原生动物对细菌、酵母、放线菌和真菌孢子等的捕食。除此之外，还有藻类捕食其他细菌和藻类，原生动物也捕食其他原生动物，如真菌捕食线虫等。捕食线虫的真菌主要是属于丛梗孢霉目（Moniliales）的真菌，它们捕食的方式和捕捉器很不相同，如由真菌产生黏性菌丝交织成网络；有些真菌菌丝产生侧生短分枝，分枝短菌丝的细胞组成菌丝圈，或菌丝形成由三个细胞组成的环，套住线虫，然后菌丝侵入线虫体内生长繁殖，最终耗尽线虫体内物质。

第三节　微生物与植物之间的关系

自然界中微生物与动植物之间的关系极为密切。在植物的根系、根际、体表、叶面甚至组织内部，在动物体表、口腔、呼吸系统、消化系统、泌尿系统等，都有大量微生物存在。根据这些微生物与动植物之间得益的利害关系可大致分为三种类型：一是微生物在动植物上得以生存的同时，也有益于动植物的互惠互利关系。例如豆科植物根系与相应根瘤菌的共生，豆科植物为根瘤菌提供碳源和能源，而根瘤菌则固定氮素输送给植物。许多动物肠胃系统中也有类似的与微生物互惠的关系。二是微生物在动植物上得以生存的同时，导致动植物病害的致病关系。动植物的众多病害是由微生物引起的，如水稻的稻瘟病、白叶枯病、小麦的赤霉病、烟草花叶病、动物的炭疽病、口蹄疫病、布鲁氏病等，这些微生物被称为病原菌或致病微生物。三是微生物与动植物之间都无明显影响的关系。

这里主要介绍微生物与植物之间的相互关系。

一、植物根系、根际与根际微生物区系

（一）植物根系和根际土壤

根际土壤是在植物根系影响下的特殊生态环境。根际土壤最内层达到根面，称为根表，最外层无明确的界限，一般是指围绕根面的 1～2mm 厚受根系分泌物所影响和控制的薄层土壤。

根际土壤由于受植物根系的强烈影响而具有自己的特点：1. 由于根系和微生物呼吸产生 CO_2，因此离根面越近，CO_2 浓度越高。2. 根际土壤中的氧气浓度依植物不同而异。旱作物如小麦，离根面越近 O_2 浓度越低，反之则越高。水稻等水田作物，由于有较发达的输导组织，可从地上部运输 O_2 至根系，因此根面处则相对较高浓度的 O_2，其 Eh 水平是根际外土壤为 -30mV，根际内土壤为 250mV，根面可达 682mV。3. 由于植物地上部的需要和蒸腾作用，根系吸收水分而在根际土壤中形成一个水势梯度。4. 植物根系大量的脱落物和分泌物进入根际土壤，因而根际土壤内的营养物质较之根外土壤大为丰富，根际土壤不仅是微生物良好的栖息环境，而且明显影响着微生物的种群及其活性。

（二）微生物的根土比

在植物根际土壤中的微生物无论在数量还是在活性强度方面远远高于非根际土壤中的微生物。为了衡量和比较，提出了根土比用以反映某种土壤中根际环境对土壤微生物的影响，即根际效应。根土比就是单位根际土壤中的微生物（R）数量与邻近的非根际土壤中微生物（S）数量之比，即：

R/S= 每克根际土壤中的微生物数量 / 每克邻近的非根际土壤中的微生物数量

不同的微生物类群在同一植物根系的根土比不同。如春小麦的微生物根土比，细菌为 23，放线菌为 7，真菌为 12，原生动物为 2，藻类为 0.2。这表明根系对于各种微生物具有明显的根际效应，首先细菌对于根际效应最为敏感，其次为真菌，最后为放线菌，对原生动物和藻类的影响相对较小些。不同土壤性质，不同植物或同一植物在不同生育期时也严重影响根土比。细菌的生长速度在根际和根面上都是在植物生长的最初几天最快，根际细菌快速增长到一定数量后便不再快速增长，甚至有所下降。

（三）根际微生物类群

根际微生物中细菌是数量最多的类群，可达（106～108）/cm³。由于根系分泌物的选择作用，根际细菌群体中要求简单氨基酸类物质为营养的细菌占有很高的比例，而要求复杂生长因素的细菌所占的比例很低。G- 的无芽孢杆菌占绝对优势，大多数

芽孢杆菌和 G+ 球菌受到抑制。常见的 G - 杆菌有假单胞菌、黄杆菌、产碱杆菌、色杆菌和无色杆菌等。根际细菌一般不能分解纤维素，少数能分解果胶，多数能分解淀粉。

根际放线菌主要是链霉菌属，小单孢菌属和诺卡氏菌属，它们的存在对于根际细菌产生明显的抑制与拮抗影响。

根际真菌在不同土壤中的根土比为 3 ~ 200，在不同作物上为 10 ~ 20。植物生长早期，根际内真菌的数量很少，随着植物的生长、成熟和衰老而逐渐增多，而且不同生长阶段的真菌区系具有不同的特征。生活在健康根段上的真菌往往是由几个优势属组成的稳定群落。常见的根际真菌属有镰刀菌属、黏帚霉属、青霉属、根柱孢属、丝核菌属、被孢霉属、曲霉属、腐霉属和木霉属等。根际真菌大多数都能分解纤维素、果胶质和淀粉。

（四）植物根系与根际微生物共存形式

根系与微生物共存的形式有以下几种。

1. 豆科植物与相应的根瘤细菌共生，从而形成特殊结构的根瘤。

2. 木本非豆科植物如赤杨、桤木等根系与类放线菌微生物共生，从而形成珊瑚状根瘤。根瘤内寄生菌有三种不同的形式：分枝或不分枝的菌丝；在菌丝顶端发育的有隔膜的泡；类似细菌的细胞。

3. 外生菌根：外生菌根的结构随植物种类以及有关菌根菌的种类不同而有所不同，但它们可以形成包围支根或幼根尖的菌鞘或菌帽；菌丝进入寄主皮层内细胞间隙，从菌鞘长出伸入土壤的菌丝带和根状菌索，或在菌鞘内或菌鞘上繁殖且形成外生菌根周围的自养型微生物。

4. 内生菌根：与外生菌根不同，内生菌根的侵染很少引起根系外部形态的改变。其中泡囊丛枝菌根（VAM）是极为重要的一种。它们在根系表皮和皮层内的细胞内或细胞间侵占并生长繁殖。在寄主细胞内，内生菌丝会产生与病原真菌吸管相似的被称为丛枝的重复分枝，菌丝顶端膨大为泡囊。

5. 植物根系与藻类共生：裸子植物苏铁科（Cycas，Macrozamia）内许多属的根系在受鱼腥藻属和念珠藻属等蓝绿藻侵染后，可形成能固氮的瘤。这些瘤的结构不同于类放线菌内生于植物根系后诱发的瘤。

6. 根际系统：根际系统可分为三个区域：（1）外层根际，即位于根系最近处，含有微生物群体；（2）根面，即根表及生活上的微生物；（3）内根际，即由非病原性土著微生物侵染的寄主根皮层组织部分。

7. 形成根—病原菌复合体，即由土壤习居菌和根习居菌组成的侵占植物根并在其内组织中生长的致病土壤微生物。其中的病原菌大多为真菌，少数为细菌。

（五）根际微生物对植物的影响

根际微生物对植物的影响可分为有益和有害影响两种。有益影响可以改善植物的营养源。根际微生物在分解有机物质的过程中，可使之释放或最终形成氨、硝酸盐、硫酸盐、磷酸盐等，并随之释放出 CO_2，促进植物营养元素的矿化，将无效的无机磷、有机磷矿化为有效磷，固氮微生物固定氮素等。许多根际微生物可产生维生素、生长素和刺激素类物质，如固氮菌、根瘤菌和某些假单胞菌等能产生吲哚乙酸和赤霉素类生长调节物质，刺激植物生长。某些根际微生物可分泌抗生素类物质，有助于植物抗土著性病原菌的侵染。如豆科作物根际常有对小麦根腐病菌长蠕孢菌有拮抗性的细菌存在，可以抑制这种病原菌生长，从而减轻后茬小麦的根腐病害。某些根际细菌能产生铁载体（siderophore），铁载体是一种能与铁螯合的特殊有机化合物，能促进 Fe^{3+} 的溶解，还可运输入细胞，还原成 Fe^{2+}，并被释放而用于合成其他的含铁化合物。且易旺盛发展而使不易获取铁元素的有害微生物受到抑制。改变植物根系形态学如菌根菌，某些根际微生物可使根系形成密集的根簇，扩大了营养吸收面，从而增强了植物吸收营养的能力，如水、磷等。

二、植物体表和叶面微生物

植物茎秆体表、叶面和果实，由于可提供非常适宜的栖息环境和营养条件，因而有大量有机异养型或光合型的细菌、真菌尤其是酵母菌、地衣和某些藻类存在，这些称为附生性微生物。直接以叶面作栖息生境的微生物称为叶面微生物。栖息于叶面的微生物数量决定季节和叶龄。植物上的附生性微生物直接经受气候变化、高温低温、风吹雨打、日晒夜袭等，因此成功的附生微生物是产色素且具有特异性保护细胞壁，对恶劣环境条件具有良好的适应性。附生性微生物也能产生各种孢子，使得它们能通过风、昆虫等外力实现从一个植株到另一个植株之间的迁移。

不同的植物体表、叶面对微生物的附生具有选择性。如某些松树针叶上的主要种群为包括突光假单胞菌在内的假单胞菌属的种，且叶面附生微生物较之地上落叶中的细菌种群更能利用糖类和醇类作为碳源，而落叶中的细菌种群似乎具有更高的水解脂肪和蛋白质活性。酵母常栖息于植物叶面，如玫瑰掷孢酵母、黏液红酵母（Rhodotorula glutinis）、Cryfitococcus laurentii、torulopsis ingeniosa 等。在叶面可常观察到产色素丰富的酵母和细菌群体。这些色素可能起着抗阳光直射的保护作用。花也可为微生物提供一个短期的栖息地，花蕊中的高浓度糖分使得花适宜于酵母种群，如在花中发现生长有 Candida reukaufii 和 Cpulcherrima。

栖息于植物体表的微生物与植物之间可有相互有益或有害的关系。嗜渗酵母的生长可降低栖息处的糖浓度，使之有利于其他微生物种群的侵染，而由酵母产生的不饱和脂肪酸则可以抑制果实表面 G+ 细菌的生长繁殖。生长于热带、亚热带水面的红萍叶背面的空腔包含许多鱼腥藻、念珠藻等，是能固定大量氮素的藻类。红萍为这些藻类提供营养和生长因子，而固氮藻类则为红萍提供氮素。

三、植物内生微生物

植物内生菌（endophyte）是指定殖于植物组织内部而又不引起植物直接和明显病症的一类微生物，是植物微生态系统中的天然组成部分。植物体如根、茎、叶鞘、叶内都可存在某些具有一定特异性的内生性微生物，细菌、真菌、放线菌都有。在目前研究过的植物中，都发现有内生菌的存在，并且具有分布广、种类多的特点。对于植物内生菌的来源，有三种假说：一是垂直传播，由同种植物代代相传；二是水平传播，由外界微生物破坏植物细胞壁，进入宿主植物；三是根际菌通过植物侧根裂缝进入植物，进入植物的微生物经长期协同进化，与宿主植物建立了一种和谐的内生关系。

由于植物体内是一个特殊的生理环境，内生菌在与宿主植物如药用植物长期的共同进化过程中，与宿主之间极有可能发生基因重组或互扰，而使其合成更具特点的结构独特、骨架新颖的次生代谢产物和其他活性物质，也有可能合成与宿主相同或相似的具有抗病、抗虫或具有抗菌、抗肿瘤等能力的生理活性物质。次生代谢产物和活性物质的产生不仅可以增强微生物对宿主的适应性，还可以促进宿主植物的生长，提高植物的生态适应性和对环境胁迫的抗性，因此也是植物对病虫害入侵进行化学防御的重要武器。

而且由于内生菌具有微生物特点，可以从植物组织中分离纯化出来，进行实验室培养与规模化发酵生产人类所需的目标生理活性物质作为药物。显然植物内生菌是巨大的药物资源宝库。利用植物内生菌，有利于药用植物资源的保护。

不同的植物可内生不同的内生菌，同一种内生菌也可在不同的植物中分离到。如短叶红豆杉（taxus brevifolia）树皮中含有具有独特抗癌机制的紫杉醇，而从不同的红豆杉中分离到的部分内生真菌也能合成紫杉醇或紫杉烷类化合物。椰子树内生真菌的次级代谢产物 PhotinidesA-F 对人肿瘤细胞株 MDA-MB-2311 有选择性抑制活性。

第四节 微生物与人和动物之间的关系

众所周知，在动物体表、口腔、呼吸系统、消化系统、泌尿系统等，都存有大量的各种微生物，构成了微生物与人类、动物的特异性生态关系。与微生物和植物之间的关系相类似，微生物对人类、动物有有益关系、有害的致病关系和既无益也无害的关系。

一、微生物在人与动物的生态分布

微生物在人和动物的体表、体内、口腔均有大量存在，而且种类多样。

人和动物体表的微生物主要来自人体与其他物体的接触、空气微生物的沉落与黏附。皮肤上正常的微生物区系由土著性群落和流动性群落组成。流动性群落主要是由于皮肤与外界的接触而受到微生物玷污所致，这部分微生物的组成和数量由于受接触的环境因素的影响通常变化较大。土著性群落的组成和数量在不同个体之间也不一样，而对于某一个人来说由于其个人的皮肤特点往往是相对固定的，常保持一个或多或少的常数。但可以由于气候变化、人体疾病皮肤温度上升、年龄变化、个人卫生变化而引起皮肤微生物尤其是土著性微生物的组成和数量发生变化。人体皮肤土著性微生物主要包括葡萄球菌属、微球菌属、棒杆菌属在内的 G+ 细菌，而 G- 细菌较少见。绝大部分皮肤微生物由于皮肤的屏障作用难以进入皮肤组织内部，或因人体的经常性洗涤而仅仅是短暂性停留，故并不能进入皮肤而引起疾病。土著性微生物对于外来微生物具有排斥和防止入侵的作用。绝大多数病原菌只有通过皮肤伤口才能进入下皮组织致病。

人和动物的口腔由于温度稳定、水分充分、营养丰富、好氧性的大环境与厌氧性的微生境同时并存而成为微生物栖息的理想生境。唾液是影响口腔微生物的主要物质。唾液的 pH 范围在 5.7 ~ 7.0，平均值为 6.7 左右；唾液可提供大量的无机物，如氯化物、重碳酸盐、磷酸盐、钠、钙、钾和其他微量元素；唾液中含有唾液酶、糖蛋白、某些免疫血清蛋白、少量碳水化合物、尿素、氨、氨基酸和维生素，还有抗微生物的溶菌酶和氧化物酶。口腔微生物主要分布在软组织表面、牙齿表面及其污垢物、唾液等处。好氧性和厌氧性的细菌、放线菌、酵母菌、原生动物等各种类群都有栖息，尤以细菌最为丰富。口腔微生物的种类和数量也因人而异，与个人的饮食爱好以及卫生习惯有关。如高糖饮食易引起龋齿，因为口腔乳酸菌发酵糖产生乳酸使口腔 pH 下降，并使牙齿釉质脱钙，细菌蛋白酶即可将牙齿釉质蛋白质水解，细菌进一步水解牙齿基质，使牙齿损坏。

胃肠道是人和动物的一个重要组成部分，也是体内微生物栖息的重要场所。包括胃肠道在内的整个消化系统不仅为微生物提供了良好的生长繁殖环境，还为其提供极为丰富的营养物质，因此在胃肠道中生存有数量庞大、种类繁多的微生物种群。据研究，一个健康人的胃肠道细菌大约有 1014 个，由 30 属、500 种左右组成，包括需氧、兼性厌氧和厌氧菌。细菌总量在胃和结肠之间逐渐增多，其中空肠菌数 105 个，以需氧菌为主；回肠中细菌数为 103 ~ 107 个，以厌氧菌为主，如拟杆菌、双歧杆菌等；结肠内菌量最多达 1011 ~ 1012 个，厌氧菌占绝对优势，占 98% 以上，细菌种类达 300 多种，干大便的重量近 1/3 是由细菌组成的。

动物，尤其是瘤胃动物，由于有多个胃腔和较长的肠道，胃肠道中厌氧部分较非瘤胃动物更多。食物经动物的反复咀嚼，有较长时间停留，然后再通过肠道排出。而且动物的食谱较广，尤其是食草动物，各种有机物为微生物的生长繁殖提供了优越的条件。因此，食肉动物的胃肠道微生物相对于食草动物可能较简单些，主要是分解蛋白质和脂肪的微生物，而食草动物胃肠道中的微生物主要是分解纤维素、半纤维素、果胶、淀粉、木质素、糖类的种群，而分解蛋白质和脂肪的微生物种群相对要少一些。主要有分解纤维素的拟杆菌等，在瘤胃动物中还有产甲烷古菌，在牛、羊呼出的气体中有较高比例的甲烷，也是大气甲烷的重要来源之一。

肠道细菌在人体肠道内具有重要的生理功能：①物质代谢作用，肠道细菌参与食物的消化吸收过程；②合成维生素，肠道正常菌群可以合成多种维生素并产生有利于维生素吸收的环境；③性激素代谢，肠道菌群参与性激素的肝肠循环代谢；④药物代谢，肠道正常菌群参与许多口服药物的代谢，这种细菌参与代谢后可使药物的活性或毒性发生改变；⑤防御病原体的侵犯。正常肠道菌群可能通过以下两方面机制抑制病原体的侵袭，以成为宿主的生物屏障：一方面通过产生细菌素、毒性短链脂肪酸、减低氧化还原反应、降解病原体毒素，可杀死、抑制外袭菌或降低其毒性，常住菌密集栖居于肠黏膜表面，阻碍了病原体与肠黏膜的接触；另一方面刺激宿主产生免疫及清除机能，如加强抗体产生、刺激吞噬细胞功能和增加干扰素产生等；产生非结合胆酸，破坏某些病原菌。

人和动物的呼吸道、泌尿生殖器官也是重要的微生物栖息地。土著性微生物对外来入侵微生物具有明显的排斥作用，其可以围堵入侵者，使两者之间达到一种平衡。

二、微生物与人和动物健康

人和动物体表体内的微生物绝大多数是非致病菌，有一部分与人和动物具有互惠互利关系，即人和动物为微生物提供了生存空间、环境和丰富的营养，微生物分解和利用这些营养物质得以生长繁殖，反过来，人和动物又吸收微生物生命活动过程中产生的单糖、有机酸、氨基酸、核苷酸作为营养合成大分子物用于生命活动。

在正常情况下，肠道菌群、宿主和外部环境会建立起一个动态的生态平衡，而肠道菌群的种类和数量也是相对稳定的。但通常由于各种各样的原因，如人易受饮食和生活习惯等多种因素影响，尤其是膳食中纤维含量的变化的影响，引起肠道菌群失调，出现不平衡。动物受饲料成分组成，尤其是纤维、粗纤维、蛋白质、淀粉等比例的影响。人和动物还往往受口服抗生素和其他药物的强烈影响，抗生素和药物在抑制或杀死致病微生物的同时，不可避免地抑制和杀灭有益或无益无害的微生物种群。在肠道微生物微生态失衡下，许多常见的有益或无益无害的微生物种类由优势种群转变为弱势种群，甚至被杀灭。而某些无益有害的甚至致病的种群由弱势种群演变为优势种群，从而引发疾病或加重病情。

　　致病微生物引起疾病的原因一般有两个：一是致病微生物的种群数量在正常的微生物区系中大大超过了正常的比例，使正常的微生物区系不能发挥应有的功能；二是致病微生物产生有毒的代谢产物，干扰了人和动物的正常代谢途径。肠道菌群失调引发的疾病包括多种肠炎、肥胖、肠癌（结肠癌）甚至肝癌。常见的由致病细菌引起的人类疾病有十二指肠溃疡菌、肠胃炎、霍乱、腹泻、肺结核、各种化脓性皮肤溃疡等；由真菌引起的皮肤性疾病主要是各种皮肤癣；由病毒引起的疾病有各种类型的流感、肝炎等。

第五节　微生物生态系统的特点

　　在一个特定的生态环境条件下的微生物生态系统，不仅起着其他生态系统如植物生态系统、动物生态系统等起不到的作用，尤其在环境受到污染时，微生物生态系统可以起到有效消除污染物的净化作用，而且微生物生态系统本身也有其不同于其他生态系统的显著特点。

一、微生物生态系统的多样性

　　在不同环境下的微生物生态系统其组成成分、数量、活动强度和转化过程等，都不一样。如陆地环境中与水域环境中的微生物生态系统不会相同。即使同是水域，由于海水环境和淡水环境中的理化因素和基质成分不一样，造成了对微生物的选择性不一样，结果组成的微生物生态系统有着各方面的差异。因此，一般来说，每一个特定的生态环境，都有一个与之相适宜而区别于其他生态环境的微生物生态系统。

　　在同一个生态环境中，由于其中某一因素的变化，也可能会引起微生物生态系统中组成成分或代谢强度、最终导致产物的改变。例如，环境受每日、每季、每年周期性变化的影响，微生物生态系统中的优势群体往往会随温度变化而产生周期性演替。

二、微生物生态系中的种群多样性

在一个微生物生态群落中，不占优势的种群在很大程度上决定着在这个生态系统的营养水平和整个群落的种间多样性。一般来说，在一个群落中，当一个或少数种群达到高密度时，种间多样性便会下降。某一种群的高数量表明了这一种群的优势和成功的竞争作用。

成熟的生态系是一个复合体，高量种群数即高度多样性使得形成许多种间关系。在一个群落内的种间多样性反映了一个种群的遗传多样性。如果环境受到一个单向性因子的强烈影响，群落稳定性的维持就较困难。由于微生物对于明显的物理化学胁迫的适应具有高度的选择性，因此物理化学的胁迫导致了大量具有较大适应性的种群的富集和联合。在这种情况下，种群就会减少，对于群落来说只有少数种群占优势即种间多样性变小。例如盐湖里的微生物种群多样性通常较港湾的微生物种群更为狭小。热泉中的微生物群落较之非污染河流中的群落多样性要低得多。像酸性泥沼、热泉、南极荒漠等受物理因素控制的栖息地中，种间多样性就相当低。许多生境如土壤中的微生物多样性一般比较高，但在受到胁迫或干扰的条件下，如受病原菌感染的植物或动物组织，多样性就会明显降低。

种间多样性在演替过程中会增加，而在胁迫情况下会减少。种群多样性低的受胁迫的群落对于环境进一步变化的适应性较差，而具高多样性且在生物学上适应胁迫的群落则能较好地适应环境波动。

一个微生物群落的遗传多样性指数可用整个微生物群落的 DNA 的异源性表示，从样品中获得整个微生物群落的总 DNA，其代表了这个群落的总基因库。DNA 间的相似性越大（即遗传多样性低），DNA 退火的速率越快。反过来 DNA 异源性越大（遗传多样性高），DNA 退火的速率越慢。有人用此法测定了直接从土壤提取的 DNA 异源性，发现了相当于 4000 种完全不同的土壤细菌基因组，这表明此土壤微生物群落中存在 4000 种不同的种群。这个数量较之用分离方法所获得的菌株高出 200 倍，且表明大多数的遗传多样性是位于用传统技术不能分离出来的微生物群落部分。大多数可生长于琼脂平板上的种群是具有高生长速率和生长于高浓度营养的选择性种群。

三、微生物生态系统的稳定性

在一个特定环境中的微生物生态系统，如果无环境因子的强烈冲击和影响，通常保持大体的稳定，即具有稳定性。

这种稳定性常表现在以下几个方面。

（1）在一定的短时间内，微生物生态系统面临外界环境改变压力时能保持自身生存的能力和保持整个生态系统集体性状完整性的能力，并避免被打乱和打破。

（2）对外界环境压力具有抵抗性和修补能力。环境压力没有超出一定范围时，微生物生态系统能够抵抗这种压力而使整个系统稳定。一旦环境压力超出其可抵抗的范围，整个完整的微生物生态系统可能由于部分微生物类群的死亡或失去活性而造成部分系统丧失。此时整个系统的剩留部分又可与改变环境压力之后新出现的类群组成一个完整的生态系统，即进行修补。

（3）外界环境因子出现周期性循环时，微生物生态系统的特性也会出现周期性表现。如某一环境受四季气温的变化循环及营养物质利用和补充循环的影响，其中的微生物生态系统也受这两个循环的影响而呈现周期性循环。在每年的同一时间微生物生态系统的组成类群和代谢强度大致处于同一水平，而且各个类群也保持一定的比例。

一般来说，一个成熟的微生物生态群落，其稳定性与高度的种多样性有密切关系。但是，在一个具有高度多样性的群落中没有一个种群是至高无上的，即使某一个被去除，整个群落结构也不会受到破坏。但对于什么样的最低限度的种间多样性水平对保持群落稳定性是必需的，仍不清楚。

具有高度多样性的群落能够随环境变化而波动。但并不意味着可以接受环境多次或连续的强力干扰与冲击。如活性污泥中多样而稳定的群落可以忍耐处理液中低浓度的许多有毒化学物，但某些有毒化学物的高量进入或多次连续冲击便可引起污泥群落的腐败崩解。

四、微生物生态系统的适应与演替性

由于微生物本身结构比较简单，改变环境的能力较弱，面对环境和营养物质的不断改变，微生物生态系统往往不能抗拒，所以常通过改变自己的群体结构来适应新的环境，从而形成新的生态系统。这种适应性表现在：一是原有的微生物类群在新的环境或新的营养源下诱导生成新的酶或酶系以适应新的环境或新的营养源；二是原有的不适应新环境或新营养源的微生物类群衰亡的同时，发育出新的能适应新环境或新营养源的微生物类群，即使原来数量很少和竞争力相当弱的类群也可能发育为新环境下的优势种群。这就是自然界中普遍的微生物种群演替现象。微生物种群的演替现象常发生在复杂有机物的分解过程中和环境因素发生改变及环境中出现抗生素物质等情况下。当环境中进入新鲜基质时，那些能迅速利用新鲜基质中易分解部分的微生物迅速生长繁殖，便会成为最先的优势种类，一旦易分解部分被分解利用完后这些种类的微生物便迅速衰落，代之而起的是那些能分解利用却不易被分解利用部分的微生物种群，并逐渐发育成为优势种类。而那些能分解利用基质中最不易被分解部分的微生物一般总在较后面出现。

不同优势种群的出现常有明显的顺序性。环境条件改变时也会发生微生物种群的演替。例如在甜酒酿制过程中，前阶段糖化真菌利用容器中的空气旺盛生长然后把米饭中的淀粉转化为糖类，酵母菌也在有氧的条件下迅速生长繁殖，这样消耗了氧气，糖化真菌便成为前阶段的优势菌群。由于氧气的消耗，需氧的糖化真菌衰落，而为可不需氧的酵母菌把糖类发酵生成乙醇的生命活动创造了条件，因而在后阶段糖化真菌衰落而酵母菌成为优势菌。一类微生物被一类微生物代替，是由它们所创造的环境条件和物质转化的产物所决定的。无论哪一种微生物，只要能适应不断变动的环境和利用较广阔的基质谱，就能以优势存在。

五、微生物群落中的遗传交流

当某种适应性特征被导入基因库时，由于微生物的高速繁殖而使得导入的基因在微生物种群中迅速、广泛地分布，即发生微生物遗传基因的水平漂移。细菌对抗生素抗性的迅速传播即是自然选择作用。例如，在抗生素作为医药应用之前，仅是由于自发突变或重组引发的抗生素抗性，此时期病原微生物对于抗生素没有什么选择性抗性优势。而在使用抗生素后，尤其在经常受到大剂量抗生素污染的栖息地，如医院地域的微生物日益提高和传播着对抗生素的抗性。在一个群落中决定某种群存在的关键因素是它的遗传物质。细菌的遗传物质通过接合、转导和转化等方式转移和重组导致了基因的新组合。在种群密度较高时，这些遗传基因具有相当高的转移潜力，在环境中可以相当高的频率发生。如质粒在微生物群落各种群间可以迅速转移。在医院废水、污泥、污泥流出液、淡水、海水、动物废弃物土壤中都已观察到某些细菌能够通过接合而进行质粒转移。在细菌种群中，特别是在选择压力下，具有抗生素抗性基因以及降解途径基因的质粒可在许多属的种间迅速转移和传播。某些特异性的质粒基因在细菌中可保存许多代，有些则很快就丢失。对于种群合理构成具有贡献的基因通常被保留在群落中，而那些无贡献的基因则常从群落中丧失。无意义的基因确实不应该保留，特别是如果在一个生态小环境中存在着明显竞争时，无意义基因的表达对于寄主细胞的相对生长速度具有明显的抑制作用，使存在无意义基因的寄主细胞在竞争中处于劣势。面对自然选择，细菌通过结合转移、转导等方式的无性繁殖和重组可以防止其在群落中的失衡。

六、微生物生态系统中的物质流和能量流

进入自然界的有机物质往往是纤维素、半纤维素、果胶、蛋白质、淀粉、核酸等大分子复合物，这些复合物的分解只能是一步一步逐级分解的过程。在好氧条件下把这些复合物彻底分解氧化为 CO_2 和水，在厌氧条件下全部转化为 CH_4、CO_2 和 NH_4^+ 等物质，这个过程必须由多种微生物相互分工协同作用，一环接一环地推动完成，这

就组成了一个完整微生物生物链。例如，纤维素厌氧降解为甲烷的过程就是由多种微生物协同完成的。在这个过程中发生了物质与能量的流动。在微生物生态系统内，能量总是以化能的方式贮藏在食物中。因此能量流和食物链是物质质和量的转化，是物质由于微生物的作用而发生的本质和形式上的变化。微生物不仅选择食物丰富的环境，而且也选择那些耗能少还可获得较多营养价值的食物。

第五章　微生物在食品生产中的应用

第一节　啤酒生产

啤酒是以优质大麦芽为主要原料，啤酒花为香料，然后经过制麦芽、糖化、发酵等工序制成的富含营养物质和二氧化碳的酿造酒。啤酒的酒精含量较低（3°～6°），因其特有的酒花香和爽口的苦味深受消费者的欢迎，由于其消费面广、量大，所以是世界上产量最大的酒种。

成品啤酒按杀菌与否可分为三类：①鲜啤酒（又称生啤酒）：成品酒未经巴氏杀菌即出售。②纯生啤酒：成品酒不用巴氏杀菌，而经超滤等方法进行无菌过滤处理。③熟啤酒：成品酒经巴氏杀菌处理。

一、原辅料和生产用水

酿造啤酒用的原料有大麦、水和酒花。为了降低生产成本，提高出酒率，改善啤酒的风味和色泽，增强啤酒的保存性，在糖化操作时，常用大米、大麦、玉米和蔗糖等其中的一种来代替部分麦芽。在我国一般都用大米，而欧美国家较普遍使用玉米。玉米在用产时必须去胚。

（一）主要原料

大麦是酿造啤酒的主要原料，大麦的质量好坏对啤酒质量至关重要。麦粒有光泽，呈淡黄色，籽粒饱满，大小均匀，表面有横向且细皱纹，皮较薄。大麦的主要化学成分是淀粉（占大麦干重65%左右），其次是蛋白质（含9%~12%）、纤维素（占大麦干重4%~9%），半纤维素（占麦粒干重4%~10%）、脂肪（含3%左右）、蔗糖（占干重的1%~2 0%）和无机盐（占大麦干重的3%）等。

（二）辅助原料

1. 大米

大米为啤酒酿造提供淀粉来源，一般大米用量为 25%~50%。使用大米代替部分麦芽，既可提高出酒率，又对改善啤酒风味有利。但大米用量不宜过多，否则会造成酵母繁殖力差以及发酵迟缓的后果。

2. 玉米

我国使用玉米较少。玉米的脂肪含量较大米高好几倍，且绝大部分积存在胚芽中，因此除去胚芽的玉米才可使用。

3. 酒花

酒花又称蛇麻花、啤酒花等。他是雌雄异株，用于啤酒发酵的是成熟的雌花。酒花在啤酒中的作用是：①赋予啤酒香味和爽口苦味。②提高啤酒泡沫持久性。③使蛋白质沉淀，有利于啤酒澄清。④酒花有抑菌作用，将它加入麦芽汁中能增强麦芽汁和啤酒的防腐能力。

酒花中最重要的化学成分为酒花树脂（包括 α- 酸和 β- 酸），是啤酒苦味的主要来源；其次是酒花油和多酚物质（包括单宁），前者赋予啤酒香味，后者促使蛋白质凝固。

4. 水

啤酒含水量达 85%~90%，所以酿造水质对啤酒质量影响很大。啤酒生产用水包括糖化、制麦、洗涤、灭菌、冷却及锅炉用水等，其中糖化用水直接影响啤酒质量。

（1）感观要求。无色透明，无悬浮物和沉淀物，20℃ ~30℃时口感清爽，无异味。

（2）化学指标。总溶解盐类 150mg/L~200mg/L；pH 为 6.8~7.2；暂时硬度 0 ~2，永久硬度 2~5，总硬度 2~7，即为软水；铁盐以 Fe 计，0.3mg/L 以下，锰盐以 Mn 计，0.1mg/L 以下；氨态氮不得超过 0.5mg/L，硝酸态氮 0.2mg/L 以下，亚硝态氮 0.05mg/L 以下；氯化物以 Cl^- 计，在 20mg/L~60mg/L 范围内；游离氯以 Cl_2 计，在 0.1mg/L 以下；硅酸盐以 SiO_3 计，30mg/L 以下；其他金属离子含量符合生活饮用水标准。

（3）微生物指标。菌落总数 100 个 /mL 以下，大肠杆菌 3 个 /L 以下，并且不得有致病菌检出。

二、啤酒现代化生产流程及技术参数

啤酒生产工艺流程可以分为制麦、糖化、发酵以及包装 4 个工序。现代化的啤酒厂一般已经不再设立麦芽车间，因此制麦部分也将逐步从啤酒生产工艺流程中剥离。

（一）啤酒现代化生产流程

原料粉碎→糖化→过滤→加酒花煮沸→回旋沉淀→冷却→接种发酵→成熟→过滤→杀菌→包装（见图 5-1）。

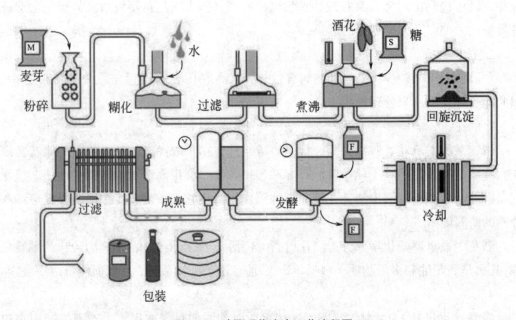

图 5-1 啤酒现代生产工艺流程图

（二）啤酒现代化生产技术参数

糖化和发酵是啤酒酿造的关键工序。以往糖化过程中由于工艺设备落后，糖化物质多裸露在空气中，因较多地接触空气而发生氧化，现在采用隔氧糖化装备，整个糖化工序全部在封闭过程中进行，完全避免了与空气接触，从根本上保证了啤酒的品质。

过去传统的啤酒发酵通常是在室温 6~8℃、相对湿度 90% 以上的室内进行。由于温度适宜、空气潮湿、霉菌很容易繁殖生长，感染发酵池，进而直接影响啤酒质量。现在全部采用密封的隔离发酵装置。

通常情况下，所有发酵容器、管道均进行高效自动洗涤，俗称 CIP 洗涤，以杜绝发酵过程的微生物污染。实施电脑自动控温，发酵温度按技术要求自动调节。酵母添加由过去人工的不规范运作到现在的自动化控制，物料中的酵母添加可精确到以毫升计数。为保持酒体的纯洁度和清澈透明度，采用先进的硅藻土过滤机并辅之精滤机和微孔膜过滤机。为确保啤酒能长期保持细腻、柔和、纯正的口味，采用先进的罐装设备，对空酒瓶两次抽真空，两次充入二氧化碳气体，从而避免了装瓶后啤酒被空气氧化而变质。啤酒生产全过程的质量关由高性能的连续流动分析检测系统实施从原料输入到成品灌装各道工序的自动检测、自动显示、自动计数来完成。

1. 啤酒发酵方式

啤酒发酵一般采用锥形发酵罐进行主发酵和后熟，主发酵分低温发酵、高温发酵和先低温后高温发酵 3 种方式。为了提高设备的利用率，在质量不变的前提下，啤酒必须在尽可能短的时间内发酵和成熟，所以高温快速发酵普遍应用，此发酵工艺的生产时间（发酵、后熟和后贮）不超过 17~20d。

（1）高温发酵工艺参数。热麦芽汁经回旋沉淀操作除去热凝固物和粉碎酒花渣后，以薄板冷却器冷却至 6.9~10℃，再以硅藻土过滤机除去冷凝物，并充无菌空气使溶解氧达到 7~8mg/L。原麦芽汁浓度为 12°P，添加 0.6%~0.8% 的泥状酵母。麦芽汁在发酵罐内 10~11℃得温度下保持 36h，进行酵母增殖，而后使温度升至 12℃，进入主发酵。经过大约 2d 的发酵后，外观浓度降至 6°P 时，使罐压升至 0.08~0.1MPa，并逐步自然升温至 16℃，继续发酵并还原双乙酰。约在满罐后的第 5 天，外观糖度降至最低点（2.2~2.5°P）。满罐后大约第 7~9 天，双乙酰的含量可降至 0.1mg/L 以下。这时可缓慢降温，直至 0℃。进入后熟及饱和 CO_2，时间 4~5d。在降温至 0℃ 的第 2 天排放酵母并回收。滤酒前一天再排放一次酵母和冷凝物。

（2）低温发酵工艺参数。低温发酵工艺在我国使用较为普遍，它比较适合传统工艺酵母进行的发酵。热麦芽汁经回旋沉淀操作除去热凝固物和粉碎酒花渣，并经薄板冷却器冷却至接种温度 6~8℃，充无菌空气使溶解氧达到 7~8mg/L。接种酵母（接种量 0.5%~1.0%）泵入发酵罐进行发酵。发酵罐充填系数 0.8~0.9。发酵开始后保持接种温度 3d，然后自然升温至 10℃，并保持此温度进行主发酵。当发酵液外观发酵度 55% 时，使罐压升至 0.07~0.1MPa，以加速双乙酰的还原，减少高级醇和酯类等的生成。再经过 3~4d，当双乙酰的含量降低至 0.1mg/L 以下时，开始以 0.3℃/h 的速度缓慢降温到 5℃ 或不停留继续降温。若在 5℃ 停留，则需要在此温度下保持 24h，排放或回收酵母，再以 0.1℃/h 的速度降温到 0~ -1℃。若不在 5℃ 停留，则以 0.1℃/h 的速度降温到 0~ -1℃。24h 后第 2 次排放酵母。在此温度下后贮 10~15d。滤酒的前一天，先排放酵母和冷凝物。酒液可先经离心机分离酵母再过滤，也可直接进行过滤。低温发酵时间为 23~28d。

（3）先低温后高温发酵。在发酵的起始阶段采用低温 6~8℃，保持 4~5d，最高温度不超过 9~9.5℃，这段时间是生成高级醇的敏感期，必须保持低温，过了敏感期后，便可采用稍高的温度 10~11℃ 还原双乙酰。整个发酵周期大约 4 周。

2. 发酵主要工艺参数的确定

（1）发酵周期。由产品类型、质量要求、酵母性能、接种量、发酵温度、季节等确定，一般 12~24d。通常，夏季普通啤酒发酵周期较短，优质啤酒发酵周期较长，淡季发酵周期适当延长。

（2）酵母接种量。一般根据酵母性能、代数、衰老情况、产品类型等决定。接种量大小由添加酵母后的酵母数确定。发酵开始时酵母数为（10~20）×106 个 /mL；发酵旺盛时酵母数为（6~7）×107 个 /mL；排酵母后酵母数为（6~8）×106 个 /mL；0℃左右贮酒时酵母数为（1.5~3.5）×106 个 /mL。

（3）罐压。根据产品类型、麦芽汁浓度、发酵温度和酵母菌种等的不同确定。一般发酵时最高罐压控制在 0.07~0.08MPa。一般最高罐压为发酵最高温度值除以 100(单位 MPa）。采用带压发酵，可以抑制酵母的增殖，减少由于升温所造成的代谢副产物过多的现象，还可防止产生过量的高级醇、酯类，同时有利于双乙酰的还原，并可以保证酒中二氧化碳的含量。啤酒中 CO_2 含量和罐压、温度的关系为：

CO_2(%，质量分数)=0.298+0.04p − 0.008t

式中 p—罐压（压力表读数），MPa；

t—啤酒品温，℃。

（4）满罐时间。从第一批麦芽汁进罐到最后一批麦芽汁进罐所需时间称为满罐时间。满罐时间长，酵母增殖量大，产生代谢副产物 α-乙酰乳酸多，双乙酰峰值就越高。满罐时间一般在 12~24h，最好在 20h 以内。

（5）发酵度。可分为低发酵度、中发酵度、高发酵度和超高发酵度。对于淡色啤酒发酵度的划分为：低发酵度啤酒，其真正发酵度 48%~56%；中发酵度啤酒，其真正发酵度 59%~63%；高发酵度啤酒，其真正发酵度 65% 以上；超高发酵度啤酒（干啤酒），其真正发酵度在 75% 以上。目前国内比较流行发酵度较高的淡爽性啤酒。

第二节 酸奶生产

一、酸奶生产的原料

酸奶生产的原料为原料乳、食品添加剂、营养强化剂、果蔬、谷物等。

（一）原料乳

选用生牛（羊）乳或乳粉，且不得含有抗生素、噬菌体、CIP 清洗剂残留物或杀菌剂，不得使用患有乳腺炎的乳。原料乳色泽应呈乳白或略带微黄；组织状态应呈均匀的胶态流体，无沉淀、无凝块、无肉眼可见杂质和其他异物；对于气味的要求是应具有新鲜牛（羊）乳固有的香气，无其他异味。生乳蛋白质含量 ≥ 2.8g/100g，脂肪含量 ≥ 3.1g/100g，细菌总数 ≤ 2×107CFU/mL，非脂乳固体 ≥ 8.1g/100g，生牛乳酸度在 12~18° T，生羊乳酸度在 6~13° T，因此配料前必须对牛（羊）奶标准化，即按照产品质量的食品安全国家标准 GB19301《生乳》规定的指标进行主成分调整。乳粉应采用符合食品安全国家标准 GB19644《乳粉》规定的原料使用。

（二）其他原料

食品添加剂、营养强化剂、果蔬以及谷物。

食品添加剂和营养强化剂的使用应符合食品安全国家标准 GB2760 和 GB14880 的规定。果蔬、谷物应符合相关规定。

稳定剂通常用于搅拌型酸奶地生产中，常用的稳定剂有 CMC、果胶等，其添加量必须控制在 0.1%~0.5%。

果料通常含有 50% 的糖或相应的甜味剂，一般添加 12%~18% 的果料到酸奶中便能满足酸奶所需的甜味。

（三）发酵菌种

保加利亚乳杆菌（德氏乳杆菌、保加利亚亚种）、嗜热链球菌或其他，由国务院卫生行政部门批准使用的菌种。

二、酸奶现代生产流程及技术参数

工艺要根据酸奶的类型、酸奶的组织状态和风味质量决定生产线的设计。现代化的酸奶生产线设计要尽量满足高产量、高质量和连续化生产的要求，自动化程度各不相同，但 CIP 清洗系统应该是完整的。

（一）原料乳的标准化

为了使产品符合食品安全国家标准 GB19302 的要求，乳制品中脂肪、蛋白质和非脂乳固体要保持一定的含量。但是，原料乳中的脂肪、蛋白质和非脂乳固体含量随乳牛（羊）的品种、地区、季节和饲养管理等因素不同有很大的差异，因此必须对原料乳进行标准化，即调整原料乳脂肪、蛋白质和非脂乳固体的比例，只有这样才能使加工出来的产品符合国家标准。如果原料乳中脂肪含量不足时，应该加稀乳油或脱去部分脱脂乳；当原料乳中脂肪含量过高时，应添加脱脂乳或脱去部分稀乳油。如果原料乳中蛋白质含量不足时，应该加乳清粉。标准化工作采用在线或配料罐中进行。

（二）过滤

原料乳和辅料在均质前先进行较好的过滤，可采用管式双联过滤器和离心净乳机去除杂质。

（三）均质

均质是酸奶生产的重要程序，目的在于：①促进乳中成分均匀，还能提高酸奶的黏稠性和稳定性，并使酸奶质地细腻，口感良好；②使乳中的脂肪球破碎、变小，与酪蛋白膜结合，提高脂肪球的密度，降低脂肪球聚集的趋势，使其均匀地悬浮在液体中。均质前先将混合料预热至 50~60℃，采用高压均质机，均质压力一般为 20~25MPa。

（四）杀菌

杀菌的目的是：①杀灭乳中的大部分微生物或全部致病菌；②除去原料乳中的氧从而降低氧化还原电位，助长乳酸菌的发育；③热处理使蛋白质变性，改善了酸乳硬度和组织状态；④防止乳清析出。酸奶的杀菌一般采取 90~95℃ /15min，经杀菌后的混合料冷却到 40~50℃备用。也可采用超高温瞬时灭菌，135~140℃加热 3~5s，这样有利于营养成分的保留，减少煮沸气味，还能提高生产效率。

（五）发酵剂

（1）常用菌种保加利亚乳杆菌和嗜热链球菌混合发酵剂 [（2~1）：1]。

（2）工艺条件液态菌种先搅拌均匀，当物料温度为 40~50℃，边快速搅拌物料边缓慢添加发酵剂 4%~5% 的量，再搅拌 4~5min 使之混合均匀。直投式菌种按照其使用量直接添加，同时搅拌 5~10min。

（六）凝固型酸奶的发酵及后熟

（1）灌装。可根据市场需求选择玻璃瓶或塑料杯，在装瓶前需对玻璃瓶进行蒸汽灭菌，一次性塑料杯可直接使用。

（2）发酵。温度保持在 41~42℃，培养时间为 3h 左右，达到凝固状态，没有乳清析出时即可终止发酵。一般发酵终点的判断可依据下列条件：①滴定酸度达到 65° T 左右；② pH 低于 4.6；③表面有少量水痕；④倾斜酸奶瓶或杯，奶变黏稠。发酵应注意避免震动，否则会影响组织状态；发酵温度应恒定，避免忽高忽低；发酵室内温度上下均匀；掌握好发酵时间，防止酸度不够或过度以及乳清析出。

（3）冷却。发酵好的酸奶应立即移入 2~6℃的冷藏库中存放 12h，以迅速抑制乳酸菌的生长，从而避免继续发酵而造成酸度升高。在冷藏中，由于酸奶温度的降低是缓慢进行的，因此酸度仍有上升，同时芳香物质双乙酰产生，酸奶的黏稠度增加。酸奶发酵凝固后必须在冷库储藏 24h 再出售，通常把此过程称为后熟。一般酸奶的冷藏期为 7~14d。

（七）搅拌酸乳的加工工艺

（1）发酵。搅拌酸乳的发酵在发酵罐或缸中进行，发酵罐利用罐周围夹层的热溶剂来维持恒定温度，热溶剂的温度可随发酵参数而变化。

若大罐发酵，则应控制好发酵温度，避免忽高忽低。发酵间上部和下部温差不要超过1.5℃，同时，发酵罐应远离发酵间的墙壁，以免过度受热。发酵控制：41~43℃，时间2.5~3h。

（2）凝块的冷却。当酸乳凝固（pH4.6~4.7）时开始冷却，冷却过程应稳定进行。冷却速度过快将造成凝块收缩迅速，导致乳清分离；冷却过慢会造成产品过酸和添加果料的脱色。冷却方法采用片式冷却器、管式冷却器、表面刮板式热交换器以及冷却缸等冷却。冷却的目的是通常快速抑制乳酸菌的生长和酶的活性，以防止发酵过度产酸及搅拌时脱水。

（3）搅拌。通过机械力破碎凝胶体，使凝胶体的粒子直径达到0.01~0.4mm，并使酸乳的硬度和黏度及组织状态发生变化。通常搅拌方法有以下几方面：

①螺旋桨搅拌器。转速较高，适合搅拌较大量的液体。

②涡轮搅拌器。在运转中形成放射性液流的高速搅拌器，也是制造液体酸乳常用的搅拌器。

③手动搅拌。采用损伤最小的手动搅拌可得到较高的黏度，一般只有小规模企业使用此法。

搅拌时注意事项：注意凝胶体的温度、pH及固体含量等。通常搅拌开始用低速，然后再用较快的速度。

①温度。搅拌的最适温度为0~7℃，此时最适合亲水性凝胶的破坏，可得到搅拌均匀的凝固物，既可缩短搅拌时间还可减少搅拌次数。若在38~40℃进行搅拌，凝胶体易形成薄片状或沙质结构等缺陷。但实际生产中凝胶体的温度降到0~7℃是不容易的，通常降到15~22℃为宜。

②pH。酸乳的搅拌应在凝胶体的pH4.7以下时进行，若在pH4.7以上则酸乳凝固不完全、黏性不足而影响质量。

③干物质。合格的乳干物质含量对防止搅拌型酸乳乳清分离起到较好的作用。

（4）调配。果粒、香料及各种食品添加剂等在酸乳自缓冲罐到包装机的输送过程中通过一台变速计量泵连续加入到凝乳中一起灌装。

（5）灌装。酸奶是人们日常直接饮用的液体食品，它的包装材料和容器应符合一般食品的要求，其包装最主要的目的就是使酸奶不受环境的干扰和伤害。酸奶的包装同时可以保证产品在运输和货架及保存期间不发生泄漏以及不会因为受蒸发而发生损耗。酸奶的终端容器一般为盒状、管状或杯状。经过良好包装的酸奶产品能够防止常温下容易变质、遇氧气容易氧化变质、长时间光照容易发生分解反应和变色反应，延长储存期。

①灌装方法。经过接种并充分搅拌的酸乳要迅速、连续地灌装到销售用的瓷罐、玻璃瓶、塑料杯和纸制盒容器中。

②灌装注意事项。灌装时应注意产品上部的空隙要尽可能小，灌装机需保持清洁，最好安装滤菌空调。另外，为了避免产品受污染，要定期对灌装管道和包装环境进行微生物检测，同时要控制污染源等。

③灌装设备。采用螺杆泵和旋转式容积泵经管道形式以低于 0.5m/s 层流输送酸乳到包装机，管道直径应避免突然变小，以减少对凝乳质地的损害。包装机除了管道和灌装头应用 CIP（清洗机）清洁和热水等消毒外，包装机的卫生死角应定期清洁，灌装头所在的灌装区应适当封闭并用空气过滤网和定期的消毒保证空气洁净。

（6）成品贮藏。灌装好的酸乳在 2~8℃进行冷藏和后熟，冷藏可促进香味物质的产生和稠度的改变，并延长保质期。

第三节　白酒生产

一、白酒生产的原料

（一）制白酒原料的基本要求

白酒界有"高粱产酒香、玉米产酒甜、大麦产酒冲、大米产酒净、小麦产酒糙"的说法，这里概括了几种原料与酒质的关系。对制白酒原料总的基本要求，可归纳为以下 3 项；

（1）名优大曲酒原料。一般列为国家名优酒的大曲酒，必须以高粱为主要原料，或搭配适量的玉米、大米、糯米、小麦等。

（2）粮谷原料。粮谷原料以糯者为好，要求籽粒饱满，有较高的千粒重，原粮水分在 14% 以下。

（3）对制白酒原料的一般要求。优质的白酒原料，要求其新鲜，无霉变和杂质，淀粉或糖分含量较高，含蛋白质适量，脂肪含量极少，单宁含量适当，并含有多种维生素及无机元素。果胶质含量越少越好。不得含有过多的含氰化合物、番薯酮、龙葵苷及黄曲霉毒素等有害成分。

（二）白酒的主要原料

（1）高粱。又称红粮等。高粱按黏度分为粳、糯两类，北方多产粳高粱，南方多产糯高粱。糯高粱几乎全含支链淀粉，结构较疏松，能适于根霉生长，以小曲制高粱酒时，淀粉出酒率较高。粳高粱含有一定量的直链淀粉，结构较紧密，蛋白质含量高于糯高粱。高粱按色泽可分为白、青、黄、红、黑几种，颜色的深浅，可反映其单宁及色素成分含量的高低。不同品种的高粱其成分含量上有一定差别。

高粱的内容物多为淀粉颗粒，外包 1 层由蛋白质及脂肪等组成的胶粒层，易受热而分解。高粱的半纤维素含量约为 2.8%。高粱壳中的单宁含量在 2% 以上，但籽粒仅含 0.2%~0.3%。微量的单宁及花青素等色素成分，经蒸煮和发酵后，其衍生物为香兰酸等酚元化合物，能赋予白酒特殊的芳香；但若单宁过多，则能抑制酵母发酵，并在开大气蒸馏时会被带入酒中，会使酒带苦涩味。高粱蒸煮后一般疏松适度，黏而不糊。

（2）玉米。玉米也称玉蜀黍、苞谷、苞米等。玉米有黄玉米和白玉米、糯玉米和粳玉米之分。

黄玉米的淀粉含量通常高于白玉米。玉米的胚芽中含有大量的脂肪，若利用带胚芽的玉米制白酒，则酒醅发酵时生酸快、升酸幅度大，且脂肪氧化而形成的异味成分带入酒中会影响酒质。故用以生产白酒的玉米必须脱去胚芽。玉米中含有较多的植酸，可发酵为肌醇及磷酸，磷酸也能促进甘油（丙三醇）的生成。多元醇具有明显的甜味，故玉米酒较为醇甜。不同地区玉米的主要成分含量略有不同。玉米的半纤维素含量高于高粱，因而常规分析时淀粉含量与高粱相当，但出酒率不及高粱。玉米组织在结构上因淀粉颗粒形状不规则，呈玻璃质的组织状态，结构紧密，质地坚硬，故难以蒸煮。但一般粳玉米蒸煮后不黏不糊。

（3）大米。大米的淀粉含量较高，蛋白质及脂肪含量较少，故有利于低温缓慢发酵，成品酒也较纯净。

大米是稻谷的籽实。大米有粳米和糯米之分。一般粳米的蛋白质、纤维素及灰分含量较高，而糯米的淀粉和脂肪含量较高。各种大米又均有早熟和晚熟之分，一般晚熟稻谷的大米蒸煮后较软、较黏。粳米淀粉结构疏松，利于糊化。但如果蒸煮不当而太黏，发酵温度则难以控制。大米在混蒸混烧的白酒蒸馏中，可将饭的香味成分带至酒中，使酒质爽净。故五粮液、剑南春酒等名酒均配用一定量的粳米；三花酒、玉冰烧、长乐烧等小曲酒均以粳米为原料。糯米质软，蒸煮后黏度大，故须与其他原料配合使用，才能使酿成的酒具有甘甜味。如五粮液及剑南春酒等均使用一定量的糯米。

（4）甘薯。甘薯又名山芋、白薯、地瓜、红苕、红薯等，按肉色分为红、黄、紫、灰 4 种。按成熟期分为早、中、晚熟 3 种。鲜甘薯及白薯干（简称薯干）分别含有 2% 及 7% 的可溶性糖，其有利于酵母的利用。薯干的淀粉纯度高，含脂肪及蛋白质较少，发酵过程中升酸幅度较小，因而淀粉出酒率高于其他原料。但甘薯中含有以绝干计为0.35%~0.4%的甘薯树脂，对发酵稍有影响；薯干的果胶质含量也较多，会导致成品酒中甲醇含量较高；染有黑斑病的薯干，将番薯酮带入酒中，会使成品酒呈"瓜干苦"味。若酒内含有番薯酮100mg/L，则呈严重的苦味和邪杂味。黑斑病严重的薯干制酒所得的酒糟，对家畜也有毒害作用。

甘薯的病毒有黑斑病、烂心的软腐病、内腐病、经冻伤的坏死病，以及受水浸泡后的水腐病等，尤以黑斑病危害最大。黑斑病薯蒸煮时有霉坏味及有毒的苦味，这种苦味质能抑制黑曲霉、米曲霉、毛霉、根霉的生长，进而影响酵母的繁殖与发酵，但对醋酸菌、乳酸菌等抑制作用则很弱。其成分是番薯酮，分子式为$C_{15}H_{22}O_3$，是由黑斑病菌作用于甘薯树脂而产生的油状苦味物质。

如果在甘薯种植时用55℃温水将薯种浸泡1h，则可以预防黑斑病。对于病薯原料，应采用清蒸配醅的工艺，尽可能将怪味挥发掉。但对黑斑病及霉烂严重的薯干，清蒸也难以解决问题，最好不使用。若为液态发酵法制白酒，可采用精馏或复馏方法以提高成品酒的质量。甘薯的软腐病和内腐病是感染细菌及霉菌造成的，这些菌具有很强的淀粉酶及果胶酶活力，致使甘薯改变形状。使用这种薯并不影响出酒率，但在蒸煮时应适当增加填充料及配醅，采用大火清蒸，并缩短蒸煮时间，以免糖分流失和生成大量焦糖而降低出酒率。用这种原料制成的白酒风味很差。

二、白酒现代生产流程及技术参数

（一）固态发酵法

1.大曲酒生产方法

（1）续渣法。续渣法是生产大曲酒应用最为广泛的酿造方法之一。它是将粉碎的原料，配入出窖（池）的酒醅，经蒸酒和蒸料，扬晾后，再加入大曲（糖化发酵剂）进行糖化发酵的生产过程。由于这一操作法是在发酵成熟的酒醅中继续补充新原料（又称渣子），既蒸酒又蒸料，扬晾后，加入大曲糖化发酵再蒸馏，故称续渣法。在续渣法中，又分为续渣混烧法和续渣清蒸混入法两种。

1）续渣混烧法。这是将酒醅和新原料混匀后，蒸酒和蒸料（糊化）同时进行，然后扬晾，然后加入大曲和水，继续糖化发酵，再蒸馏的制酒操作法。这种操作法有如下优点。

①有利于增香：制酒的粮食原料本身含特有的香味物质，在蒸馏糊化时，随上升的气流带入酒中，对酒起到增香作用。这种香气，有人称其为粮香。②有利于原料的糊化：原料与酒醅混合，能吸收酒醅中的酸和水分，促进原料吸水膨胀和糊化。而且

由于蒸料又蒸酒，还可节约能源。③可减少辅料（疏松剂）的用量，有利于改善酒质。

2）续渣清蒸混入法。此法是将原料加入辅料后进行单独蒸料糊化（清蒸），再与蒸酒后的母糟混合，加入大曲和水，入窖糖化发酵，单独蒸馏出酒。这种操作法与混烧法的共同点是配醅发酵。但是，由于蒸料和蒸酒分别进行，故能耗较高。其优点是有利于排除原料中夹带的异杂味，以提高白酒质量。

（2）清渣法。清渣法是生产大曲酒的又一种传统酿造方法。它是将粉碎的原料拌入辅料后，经蒸料糊化，扬晾后再加入大曲和水，进行糖化发酵和出窖蒸馏的生产过程。由于这一操作方法无须配醅，原料经 1 次蒸煮糊化、2 次加大曲糖化发酵和蒸馏后直接丢糟，故称清渣法，又称清蒸二次清法。它是清香型大曲酒的典型生产方法。国家名酒之一的汾酒就是代表。其所用的高粱原料粉碎后拌入辅料，经清蒸糊化，扬晾后加曲，放入埋于地下的陶瓷缸中（地缸），发酵 28d，蒸馏取酒（头渣酒）；蒸馏后的糟醅不补充新原料，而是只加大曲进行第 2 次为期 28d 的发酵，再蒸馏取酒（二渣酒）后直接丢糟。最后，将头渣酒和二渣酒经贮存勾兑，即为成品酒。

采用清渣法，原料只进行 1 次清蒸、2 次发酵，因此，操作简便，易于掌握和控制，而且有利于以乙酸乙酯为主的复合香味的生成。由于此法在工艺上贯彻以清为主，执行一清到底的原则，故可实现文明生产，保持设备和场地清洁干净，尤其是采用地缸发酵，其可大大减少杂菌污染，从而确保了清香型大曲酒的典型风格。

2. 小曲酒生产方法

小曲酒是我国传统民族白酒中独具特色的酒种。它是以小曲为糖化发酵剂生产的白酒。小曲酒生产所使用的原料有大米、高粱、玉米、稻谷、小麦等。由于采用的原料不同，制曲和糖化发酵工艺也有差异，因而小曲酒的生产方法不尽相同。按糖化发酵工艺可分为三类：先固态培菌糖化、后发酵法；边糖化、边发酵法；配醅固态发酵法。

3. 麸曲酒生产方法

麸曲酒是以高粱、玉米、薯干及高粱糠等为原料，采用纯种培养的麸曲为糖化剂和酒母（酵母菌的扩大培养液）为发酵剂生产的白酒。由于麸曲酒具有生产周期短、出酒率高以及物美价廉的特点，所以它是一种深受广大消费者，特别是广大农民和工薪阶层欢迎的酒种。

麸曲酒又分为普通麸曲酒（大众白酒）和优质麸曲酒。在同一原料和同一生产工艺的条件下，麸曲酒的质量与大曲酒相比略逊一筹。在现有的 17 种国家名酒中，尚未有麸曲酒列入。然而，在国家优质酒中，麸曲酒已有多见。麸曲酒的生产方法，按生产工艺又分为以下几种：续法、清蒸混入四大甑法、清蒸清烧—排清法。

4. 大曲与麸曲结合法

大曲、麸曲相结合生产的白酒，是采用先大曲后麸曲的两种工艺相结合生产的优质酱香型白酒。这是黑龙江省 13 个酒厂、科研所，经过 3 年的试验，总结出来的新工艺和新技术成果。应用该新成果，可提高麸曲酒优级品率 23%，降低粮耗 30%，还可缩短产品的生产周期 35%。此项新技术不仅适用于酱香型白酒的生产，其他香型酒也可效仿，具有普遍的应用意义。

（二）半固态发酵法

1. 先培菌糖化、后发酵法

先培菌糖化、后发酵法是生产米香型白酒的典型生产工艺。它是以大米为原料，采用药小曲半固态发酵法，前期是固态，主要进行培菌和糖化过程，培菌期为 20~24h，后期为半液态发酵，发酵期约 7d，再经蒸馏而制成的米香型白酒。其产品具有米香纯正、清雅，入口绵甜、爽冽，回味怡畅的典型风格。广西桂林三花酒和全州湘山酒是米香型白酒的典型代表。这两种产品自 1963 年第二届全国评酒会被评为国家优质酒以来，于 1979 年、1984 年和 1988 年四次蝉联国家优质酒的光荣称号。

2. 边糖化、边发酵法

边糖化、边发酵的半固态发酵法，是以大米为原料、酒曲饼（小曲的扩大培养）为糖化发酵剂，在半固态状态下，经边糖化、边发酵后，蒸馏而成的小曲米酒的酿制方法。它是我国南方各省酿制米酒和豉味玉冰烧酒的传统工艺。豉味玉冰烧酒是豉香型白酒的典型代表，为广东地方的特产。其历史悠久，且深受广大群众和华侨以及港澳同胞的欢迎；其生产量大，出口量也相当可观，是一种地方性和习惯性的酒种。

该酒种要求新蒸出的斋酒，先行放入贮酒池中静置后，分离表面油质及酒脚，再继续贮存，使酒体基本澄清，然后放入肉埕中酝浸。

肥肉酝浸是玉冰烧生产工艺中重要的环节。经过肥肉酝浸的米酒，入口柔和醇滑，而且在酝浸过程中产生的香味物质与米酒本身的香气成分互相衬托，形成了突出的豉香。因此，这种陈酿工艺是独树一帜的。

（三）液态发酵法

液态发酵法是采用酒精生产方法的液态法白酒生产工艺。它具有机械化程度高、劳动生产率高、淀粉出酒率高、原料适应性强、改善劳动环境、辅料用量少等优点。因此，它是白酒生产的发展方向。采用液态发酵法代替传统的固态发酵法，是一项重大的技术改革，曾被列为国家重点科研项目。在20世纪50年代就做过酒精加香料人工调制白酒的尝试。由于当时技术条件所限，产品缺乏白酒应有的风味质量而未获得成功。直到20世纪60年代中期，在总结我国某些著名白酒的生产经验之后，将酒精生产的优点和白酒传统发酵的特点有机结合起来，才使液态发酵法白酒的风味质量与固态发酵法白酒逐渐接近。目前，液态发酵法生产的白酒质量不断改进和提高，产量不断增大。据不完全统计，采用液态发酵法生产的白酒约占全国白酒总产量的60%以上。

1. 液态发酵法的类型

（1）全液态发酵法。全液态发酵法俗称"一步法"。本法从原料蒸煮、糖化、发酵直到蒸馏，基本上采用酒精生产的设备，在工艺上注意汲取白酒的传统操作特点，完全摆脱了固态发酵法生产方式，使生产过程达到机械化水平。这种方法大致有以下4种形式。

1）直接投入产香微生物参与发酵。在酒精发酵醪中投入产香微生物，如大曲、产酯酵母、复合菌类等，发酵成熟后蒸馏。

2）加入己酸菌发酵液参与发酵。在酒精发酵初期加入己酸菌发酵液，再经2~3d共同发酵后蒸馏。

3）己酸菌发酵液经化学法或生物学法酯化后与酒精发酵醪一起蒸馏。

4）酒精醪液与香味醪液分别发酵，按比例混合后蒸馏成酒。

（2）固液结合法。固液结合法是综合固态和液态生产方法的优点，以液态法生产的优级食用酒精为酒基，经脱臭除杂，利用固态法的酒糟、酒头、鸡尾或固态法白酒增香来提高液态法白酒的质量。故又称为液态除杂、固液结合增香法。

（3）复蒸增香法。

1）串香法。这是贵州省遵义董酒厂生产董酒的经验在液态法白酒生产中的应用。串香法的具体做法很多。有的与麸曲固态法白酒相结合，即先将酒精放入底锅再将酒醅装甑，而后蒸馏，使酒精蒸气通过酒醅而将酒醅中的香味成分带入酒中，以增加白酒的香味，有的在固态法白酒中加入产酯酵母培养液，先培养香糟后，再装甑串香。还有的用酒醅加曲再发酵做成香醅后，再进行串香等，这些都各有特色。

2）浸蒸法。将香醅与酒精混合、浸渍，然后复蒸取酒。一般香醅用量为酒基的10%~15%，浸渍时间在4d以上。

（4）调香法。

以脱臭的食用酒精为酒基，配入具有白酒香气的香味液或食用香精香料，经勾兑而成液态法白酒，这一工艺又称为调香勾兑法。它与串香法或浸蒸法相比，省略了酒精复蒸操作，从而避免了酒精的损耗，节约了蒸汽与劳动力，提高了生产效率。虽然这一方法最简单，而且设想不同风格香型的白酒都可以人为地予以控制，因此，也是众所期望的一种好方法，但在实际工作中发现，由于白酒的香味成分复杂，含量少且种类多，所以不可能以少数几种化学香料调制出合乎要求的白酒来。又由于白酒的香味成分剖析工作尚不够完善，对它们之间的量比关系和平衡关系还未完全了解清楚，这就造成了调香勾兑技术的复杂性。到目前为止，除了浓香型白酒用调香法勾兑稍见成效以外，其他的香型白酒还有待于继续摸索研究。

2. 几种液态发酵法的优缺点

（1）串香法和浸蒸法。产品虽有明显的固态法白酒的风味，也适用于一般酒厂的生产条件，但此法仍不能摆脱繁重的体力劳动，而且串香法的酒精损耗较大，一般为2%~10%。

（2）固液结合法生产。操作简单，酒精等物料损耗少，是目前较好的生产方法，但仍保留固态法生产方式。

（3）调香法。生产操作简便，物料损耗少，但由于调香技术要求高而难以达到，故产品风味较差，缺乏协调和自然感。

（4）全液态发酵法。可完全摆脱固态法生产方式，但产品质量不够完善，在增香与蒸馏等方面还需进一步改进提高。

第四节　桑葚酒、葡萄酒生产

一、桑葚酒生产

（一）桑葚酒生产原料

桑葚酒是以桑葚为原料，经破碎、压榨、发酵，贮存精制而成的果酒。桑葚味甜带酸，出汁率在 65% 以上，但是未成熟的果实不能采收。

（二）桑葚酒现代生产流程及技术参数

（1）原料清洗、分选桑葚进厂后，要马上进行清洗和分选，不能过久堆放和冲洗，以避免损坏果实。

（2）破碎、压榨时，采用不锈钢滚筒式破碎机为宜，用板框式压滤机压滤，压榨后的果皮连同皮籽实，可直接提取色素。果渣另加糖水发酵，进行蒸馏白兰地，供调整成分时使用。在破碎时，添加二氧化硫，加入量在 70~90mg/kg，然后进行发酵。

（3）调整果汁进入发酵罐后，必须调整糖度，使发酵总糖在 20% 左右。

（4）前发酵由于发酵均在每年 6 月进行，室内自然温度在 30℃以下，因此无须调温。主发酵一般只需 24~30h 即可完成。然后再进行后发酵。

（5）发酵后发酵主要是使粗酒中残糖继续发酵成乙醇。

（6）澄清处理后发酵结束时，进行澄清处理，加入明胶或蛋清及用硅藻土过滤，即可得到宝石红色泽的透明桑葚酒。

（7）陈酿、过滤、装瓶，桑葚酒一般需陈酿半年以上，方可过滤装瓶。

（8）桑葚酒的感官及理化指标

①感官指标：桑葚酒色泽呈宝石红色；清亮透明，无悬浮物及沉淀物；有纯正果香和清新的酒香；纯正丰满、酸甜适口、滋味绵长，具有桑葚酒独特风格。②理化指标：酒度为 11%~15%（体积分数）；糖度 ≥ 30.5g/L；总酸为 4.5~7.0g/L，挥发酸 ≤ 1.1g/L；总二氧化硫量 ≤ 150mg/L；铁 ≤ 20mg/L。

二、葡萄酒生产

（一）葡萄酒生产原料

1. 葡萄

葡萄是人们喜爱的水果，可以生食，也可以加工成葡萄干、葡萄汁、果酱和罐头等，但是葡萄最主要的用途是酿造葡萄酒。据统计，世界葡萄总产量的 80% 用于酿酒，并且葡萄的质量与葡萄酒的质量有着紧密的联系。到目前为止，世界著名的葡萄约有 110 种，其中我国约有 35 个品种。葡萄主要分布在北纬 53 度到南纬 43 度的广大区域。按地理分布和生态特点可分为东亚种群、欧亚种群和北美种群，其中欧亚种群具有较高的经济价值。

（1）葡萄构成。葡萄包括果梗与果实两个部分，果梗占葡萄重量的 4%～6%，果实占 94%～96%。不同的葡萄品种，果梗和果实比例不同，收获季节多雨或干燥都会影响两者的比例。果梗是果实的支持体，含大量水分、木质素、树脂、无机盐、单宁、少量糖和有机酸。果梗起着营养素的流通作用，可将糖分输送到果实。由于果梗含有较多的单宁和苦味树脂及鞣酐等物，故而酒中若含有果梗成分，会产生过重的涩味，因此葡萄酒不能带果梗发酵，应在破碎葡萄时去除。葡萄果实包括果皮、果核和葡萄浆。果皮占重量的 6%～12%、果核占重量的 2%～5%、葡萄浆包括果汁和果肉，占重量的 83%～92%。果皮含有单宁和色素，而且这两种成分对红葡萄酒的质量很重要。大多数葡萄的色素只存在于果皮中，因此葡萄品种不同，其颜色也不同。白葡萄有青色、黄色、金黄色、淡黄色或接近无色等，红葡萄有淡红色、鲜红色和宝石红等，紫色葡萄有淡紫色、紫红色和紫黑色等。葡萄皮含有芳香成分，它赋予葡萄酒特有的果香味。不同品种的葡萄，其香味不同。果核含有脂肪、树脂和挥发酸等，这些物质不能带入葡萄液中，否则会严重影响葡萄酒的品质，在破碎葡萄时，要尽量避免压碎葡萄核。

（2）生长环境。葡萄必须生长在适当的土壤和气候条件下，并经科学地种植才能达到理想的糖分和芳香，而葡萄的甜度和香气是葡萄酒质量的来源。因此每年秋季，农民要修整葡萄园，将葡萄树剪枝，春季注意防霜冻，保护嫩芽的生长。在北半球的6月，葡萄树基本开花，这时，温暖的天气可以促进葡萄生长。葡萄结果的时间约在夏季，阳光与雨水对葡萄质量的影响很大。葡萄成珠后需要再一次剪枝，这样可防止由于树叶遮挡阳光而影响葡萄成熟。夏季应喷洒适当的农药，以防止病虫害。秋收季节是葡萄园的关键时刻，管理者必须确定葡萄丰收的具体时间，几乎所有葡萄园主都希望尽量延长葡萄在葡萄树上的时间，在葡萄最饱满时采摘，但是他们也担心冰雹、大雨及霜冻。在北半球较温暖的地区，采摘葡萄通常在8月进行，这时葡萄没有完全成熟。一些地区为了提高葡萄的糖分，会延长至11月采摘。葡萄的含糖量不仅与葡萄酒的甜度有关，更重要的是会影响葡萄酒的乙醇含量。通常采摘后的葡萄都要在发酵前喷洒少量二氧化硫以杀死表皮的细菌，使葡萄正常发酵，从而生产出理想的葡萄酒。葡萄生长环境的4个重要影响因素为：温度、光照、湿度和降水量、土壤。温度是影响葡萄生长的主要因素之一。葡萄生长的各时期对温度的要求不同。成长期葡萄需要较高的温度，通常超过20℃，较高的温度可使葡萄迅速成熟；成熟期葡萄温度应是30℃。同一品种的葡萄，栽种在积温不同的地区，果实含糖量、含酸量和色泽都不同，所以酿出的酒质也不同。积温一词是指葡萄开始生长到成熟，昼夜平均温度在10℃以上日数的温度总和。早熟品种的有效积温为2500℃，中熟品种为2900℃，晚熟品种在3300℃以上。葡萄成长需要充足的阳光，日照对葡萄的生长起着重要的作用，日照不足，葡萄纤弱，果实不充实，含糖量低。因此国际上的葡萄酒贸易，将葡萄酒的生产年作为一项重要的质量指标。湿度与降水量也影响葡萄的质量。欧洲品种葡萄成熟期间需要干燥。而湿度大及雨水多的地区，葡萄容易受到霉菌的感染，从而影响葡萄的质量。土壤是保证葡萄正常发育的重要条件之一。由于葡萄从土壤中汲取水分和营养物质，因此土壤与葡萄的质量和产量紧密相关。葡萄对土壤的适应性较强，一般的沙土、石砾土、轻黏土均可栽培。葡萄适应透气性好、积贮热量多、昼夜温差大的土壤。优质酒的葡萄通常来自砾质土壤。

（3）成长过程。葡萄的生长和成熟过程可分为4个阶段：花期、发育期、成熟期和过熟期。花期是从花蕾破绽到落花阶段。发育期是葡萄的果粒形成期，其特点是果肉较硬，果皮青绿色，糖分少，酸度高。成熟期的果粒重量增加，酸度降低，糖分增加，果肉变软。白葡萄由绿色变成淡黄色，红葡萄出现红色并表现特有的果香。过熟期是葡萄水分逐渐蒸发，果汁浓缩，成为干葡萄状态。葡萄会发生"贵腐"现象，产生特殊的香味。然而在贵腐期间，天气阴雨，葡萄会吸收水分，从而降低品质。德国著名的葡萄酒和法国秀顿（Sauternes）地区葡萄酒的原料都是根据葡萄的成熟情况，分批采摘的。葡萄成熟一串采摘一串，使葡萄达到最理想的成熟度。运用这种方法采摘的葡萄常称为"贵腐葡萄"（Noble Rot），贵腐葡萄表面呈皱纹状态，好像有一层尘土遮盖。其特点是含糖量高，并且能生产出优秀的甜葡萄酒。

（4）葡萄采摘。葡萄采摘时间对葡萄酒的质量具有重要意义，不同品种的葡萄酒对葡萄的成熟度要求不同。成熟的葡萄，果粒软，有弹性，果肉明显，果皮薄，皮肉容易分开，葡萄核容易与葡萄浆分离，葡萄梗呈棕色，颜色美观，有香味。可以通过理化检验，使用糖度表、比重表、折光仪来测定葡萄的含糖量和含酸量。干味葡萄酒的原料需要适宜的糖度和酸度，干白葡萄酒的葡萄采摘时间比干红葡萄酒的葡萄采摘时间要早，因为收获早的葡萄不易产生氧化酶，所以酒液不易氧化。这种葡萄含酸量高，酒在制成后有新鲜果香味。甜葡萄酒或酒精度高的葡萄酒需要完全成熟的葡萄。采摘后的葡萄应放入木箱、塑料箱或筐内，不要盛装过满，防止挤压。但也不宜过松，防止运输中葡萄破裂。葡萄不宜长途运输，有条件可设立葡萄酒发酵站，将葡萄液发酵后再运往酒厂熟化与澄清。

2. 酵母

葡萄酒是通过酵母的发酵作用将葡萄液制成酒的。因此酵母在葡萄酒生产中占有重要的地位。优良葡萄酒除本身的香气外，还包括酵母产生的果香与酒香。酵母的作用是将酒液中的糖分全部发酵，使酒液的残糖保持在 4 克 / 升以下。此外葡萄酒酵母具有较高的二氧化硫抵抗力、较高的发酵能力，可使酒液乙醇含量达到 16%。高质量的酵母能在低于 15℃或适宜温度下发酵，以保持葡萄酒的新鲜果香味。

3. 添加剂和二氧化硫

添加剂指添加在葡萄发酵液中的浓缩葡萄液或白糖。通常优良的葡萄品种在适合的生长条件下可产出制作葡萄酒需要的、成分合格的葡萄液。然而由于自然天气和环境等因素的影响，葡萄含糖量有时并不能达到制酒的理想标准。这时就需要调整葡萄液的糖度，加入添加剂以保证葡萄酒的酒精度。二氧化硫是一种杀菌剂，它能抑制各种微生物的活动。许多细菌对二氧化硫敏感。高质量的葡萄酒酵母抗二氧化硫能力强，在葡萄发酵液中加入适量的二氧化硫可使葡萄发酵顺利进行。

（二）葡萄酒现代生产流程及技术参数

葡萄酒是以葡萄为原料，经过破碎、发酵、熟化、添桶、澄清等程序制成的发酵酒。由于葡萄酒种类不同，其生产工艺也不尽相同。

1. 红葡萄酒生产工艺

（1）破碎与发酵。红葡萄酒选用皮红、果肉色浅的葡萄或果皮和果肉都是红颜色的葡萄为原料。发酵前，将整串葡萄轻轻破碎，去掉葡萄梗，经过少量二氧化硫处理，再放入葡萄酒酵母进行主发酵。二氧化硫的作用是杀菌，能够保证葡萄液发酵顺利进行。红葡萄酒的主发酵时间为 4 ~ 6 天。主发酵的作用是得到乙醇，提取色素和芳香物质，主发酵决定葡萄酒的质量。当酒液残糖量降至 5 克 / 升，液面只有少量二氧化碳气泡，液体温度接近室温并且有明显的酒香味时，主发酵程序基本结束。然后分离葡萄液与皮渣，进行后发酵。后发酵将酒液的残糖继续发酵，使残留的酵母逐渐沉降，使酒液缓慢氧化，使酒味柔和并趋于完善。后发酵需要 3 ~ 5 天，也可以持续 1 个月。

（2）熟化与添桶。发酵后的原酒必须放入橡木桶熟化，才能称为优质的葡萄酒。从发酵桶取出的酒液，放入木桶贮存一段时间，这个程序称为熟化。熟化对酒的风味可产生很大影响。熟化桶的尺寸很重要，由于桶中的酒液与空气接触面积不同而使酒液的氧化程度不同，从而形成了不同的风味。传统意大利葡萄酒（Barolo）使用大木桶熟化。贮存在大木桶的酒液比小木桶接触空气少，减少了葡萄酒的氧化机会，保持了自己的特色和风味。此外在葡萄酒熟化期间，要定期向木桶补充酒液，这个程序称为添桶。添桶可以防止酒液氧化，弥补熟化过程中被蒸发的酒液。

（3）换桶、澄清与装瓶。熟化的葡萄酒液必须经过换桶过程，将葡萄酒与原桶中的酒液与皮渣分离，使酒液澄清，最后进入装瓶阶段。葡萄酒装瓶通常由生产线进行，酒瓶的标签写有生产年限。许多专家认为，瓶优秀葡萄酒在装瓶后也有氧化 2 过程，酒液透过木质瓶塞与空气缓慢进行氧化，这一过程对葡萄酒的熟化也起到一定作用。因此，目前还没有任何替代物能替代葡萄酒软木塞的重要作用。

2. 白葡萄酒生产工艺

白葡萄酒选用白葡萄或浅色果肉的葡萄为原料。葡萄经破碎，分离皮渣，经少量二氧化硫处理后，放入酵母进行主发酵。白葡萄酒的发酵工艺与红葡萄酒不同，葡萄破碎后，先分离皮渣，后发酵。此外白葡萄酒发酵温度比红葡萄酒低，从而能得到理想的新鲜水果味道。装备精良的葡萄酒厂都有先进的设备控制葡萄酒的发酵温度，因为发酵温度直接影响白葡萄酒的味道。通常在发酵前对葡萄含糖量进行测量，对含糖量低的葡萄，发酵时要加入少量糖或葡萄浓液以保证葡萄酒的理想酒精度。酒液发酵时间和程度是形成酒风味的关键因素。一些酒液没有完全发酵就终止，有些酒液必须完全发酵，发酵工艺通常由酒厂工程师严格把控。普通白葡萄酒发酵多采用人工培育的优质酵母进行低温发酵。白葡萄酒发酵温度为 16℃ ~ 22℃，发酵期约 15 天，以密闭夹套冷却钢罐为发酵设备。主发酵后的残留糖分应降至 5 克 / 升或以下，转入后发酵。后发酵温度控制在 15℃ 以下。在缓慢地后发酵中，形成白葡萄酒的香气和味道。

2. 香槟酒生产工艺

传统的法国香槟酒乙醇含量为 11% ~ 15%，有不同的甜度，经两次发酵而成。其工艺程序如下：

（1）榨取与选择葡萄汁。在榨取葡萄汁时应快速压榨以减少红葡萄皮对葡萄汁的染色机会。如果将 4000 千克葡萄放入木质压榨器进行榨汁，第 1 次压榨，得到约 10 桶葡萄汁，共计 2000 多升，称为头道葡萄汁，是制作最高级香槟酒的原料。第 2 次压榨得到两桶葡萄汁，共计 444 升，称为第 2 次葡萄汁，是制作优质香槟酒的原料。第 3 次压榨得到 1 桶葡萄汁，约 222 升，称为第 3 次葡萄汁，是制作普通香槟酒的原料。第 4 次压榨约得 1 桶葡萄汁，称为葡萄渣汁，作为葡萄蒸馏酒的原料。

（2）发酵与熟化。榨好的葡萄汁应在 8 小时内放入木桶进行第 1 次发酵。发酵后得到静止干白葡萄酒，然后贮存在木桶中熟化。5 个月后，经过换桶和净化，再进行勾兑。在香槟酒的勾兑程序中，可将不同村庄生产的葡萄酒勾兑。然后，加入酵母和糖，装瓶后进行第 2 次发酵。这种发酵程序称为堆放式发酵。堆放式发酵指葡萄酒在瓶中发酵，堆放式发酵约持续 6 周。

（3）转瓶与后熟。将经过 6 周堆放式发酵的葡萄酒，垂直倒放在酒窖的木架孔中。每天由人工转动或机械转动酒瓶，这种工艺和操作程序需要 1 年至数年，转动的次数由多变少，速度由快至慢，由木架的下层转到木架的上层，直至酒液的杂质及失去效用的酵母沉淀在酒瓶的瓶颈中，使香槟酒产生理想的芳香和细致的酒体为止。

（4）消除杂质与补充葡萄液。将酒瓶颈倒立在 -22℃ ~ -24℃ 的盐水中冷冻，酒瓶浸渍的深度要参考酒瓶内的聚集物高度。当瓶颈内的酒液结冰后，握住酒瓶，约成 45 度角，打开瓶塞，瓶中的气压会自动排出带有沉淀物的冰块。排除杂质的香槟酒要迅速在填料机上补充约 30 毫升同级别的葡萄液，然后装上永久木塞，用铁丝捆好，铁丝外边，最好用箔纸包装整齐。

第五节　醋生产

一、食醋生产的原料

酿醋原料依其性质和在生产上所起到的作用可分为 3 大类：主料、辅料以及填充料。

（一）主料

任何富含淀粉质、糖或酒精等可发酵物质的无毒性原料都可以用于食醋的生产。这些原料必须有足够量的可发酵糖以保证产品中含有标准量的醋酸。若采用含糖量较低的果汁生产醋，则生产中可额外添加糖或通过蒸发和反渗透将果汁浓缩。原料会赋予食醋成品不同的风味，如糯米酿制的食醋残留的糊精和低聚糖较多，口味浓甜；大米蛋白质含量低、杂质少，酿制出的食醋纯净；高粱含有一定量的单宁，由高粱酿制的食醋芳香。选用不同的原料，可以酿出不同风味的食醋。

目前，酿醋用的主要原料有：①薯类甘薯、马铃薯、木薯等。②粮谷类高粱、玉米、大米（糯米、粳米、籼米）、小米、青稞、大麦、小麦等。③粮食加工下脚料碎米、麸皮、细谷糠、高粱糠等。④富含碳水化合物的果蔬类苹果、柑橘、香蕉、李、红枣、海带、番茄、西瓜等。⑤野生植物橡子、菊芋等。⑥酒类食用酒精、果酒、啤酒、白酒等。⑦其他富含糖分的甘蔗糖蜜、甜菜糖蜜、蜂蜜、酒糟等。

（二）辅料

酿造食醋需要大量辅助原材料，以提供微生物活动所需要的营养物质或增加食醋中糖分和氨基酸含量。在固态发酵中，辅料还起着吸收水分、疏松醋醅、贮存空气的作用。辅料一般采用谷糠、麸皮或豆粕，因其不但含有碳水化合物，而且还含有丰富的蛋白质、维生素和矿物质。因此，辅料与食醋的色、香、味有密切的关系。其他辅料还有：①食盐，在发酵成熟后加入食盐能抑制醋酸菌的活动可以防止其对醋酸的进一步分解，还具有调和食醋风味的作用；②白砂糖，有增加甜味的作用；③芝麻、茴香、桂皮、生姜等，赋予食醋以特殊的风味；④炒米色可增加食醋的色泽和香气等。

（三）填充料

固态发酵制醋及速酿法制醋都需要填充料，其主要作用是疏松醋醅，使空气流通，以利于醋酸菌好氧发酵。固态发酵制醋常用的填充料有谷壳、稻皮、高粱壳；速酿法制醋常用的填充料有玉米芯、木刨花、多孔玻璃纤维等作为固定化载体。填充料要求接触面大，纤维质具有适宜的强度和惰性。

二、食醋现代生产流程及技术参数

（一）固态发酵法制醋

1. 固态发酵法制醋工艺流程

以固态发酵中最常见的麸曲醋为例，其生产流程（见图5-2）。

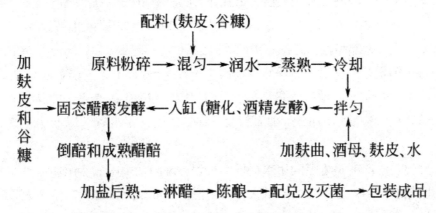

图5-2　麸曲醋工艺流程图

2. 固态发酵法制醋操作要点

各类机械设备旋转蒸煮锅、发酵罐、自动酿醋机、自动翻醅机、过滤机、灌装机是老陈醋现代生产线上的基本配置。跟黄酒大罐发酵工艺类似。

（1）原料粉碎及蒸煮。采用振动筛选机、斗式输送机、辊式粉碎机等设备进行前处理。原料粉碎后与配料（如麸皮、谷糠）混匀，再加入混合料50%左右的水。原料输采用斗式提升机气流输送、负压密相输送，发展为螺旋形叶轮离心泵输送。在旋转蒸煮锅蒸料，出锅摊凉，补水（调整蒸煮熟料加水量），然后将熟料放于干净拌料场上，过筛，打碎团块，同时翻拌及通风冷却。

（2）机械化自动化制纯种麦曲。机械制曲采用特定的计量加水装置替代人工加水，并在机器进口处调节好麦料和水的均匀速度，经过搅拌使曲料和水混合均匀，并确保其含水量达到18%~21%。拌好的曲料盛在机器输送带上的一只只曲盒中，在输送带的转动过程中，通过数次挤压，在出口送出来的就是成型的曲块。圆盘制曲机的成功应用，在整个制曲过程中通过软件控制实现了自动进料、自动翻曲、自动控制温度和湿度等操作，降低了劳动强度，大大提高了工作效率。

（3）落罐（投料）。投料配方为：大米5700kg，麦曲570kg，纯种酵母300kg，水9000kg。投料量按发酵罐实际大小确定。米饭入缸搭窝温度为30℃，加入麦曲、纯种酒母和水混合。

（4）前发酵。投料前应把前发酵罐及一切用具清洗干净，并用蒸汽或沸水灭菌。前发酵罐配有夹套冷却装置，以控制发酵品温，利用压缩无菌空气的压力开耙和输送醪液。发酵过程采用冷却设备，用低温水来控制发酵品温，然后进行 3~5d 发酵。酒精发酵阶段要求醅温 30~40℃为好，最高不要超过 47℃，入缸起 5~7d 酒精发酵结束。醅中酒精含量为 7%~8%，夏季最低不能低于 6%。

（5）醋酸发酵。酒精发酵结束后，每缸拌入粗谷糠 10kg 左右及醋酸菌种 8kg，充分搅拌均匀。第 2~3d 醅温很快升高，掌握醅温在 39~41℃，一般不超过 42℃。每天翻醅或倒醅 1 次，使醋醅保持松散，供给充足的氧气。经 12~15d，醅温开始下降。发酵过程中每天测定醋酸含量，冬季掌握醋酸含量在 7.5% 以上，夏季掌握在 7% 以上。当醅温下降至 36℃以下，醋酸含量不再上升时，表明醋酸发酵结束，应及时加盐终止醋酸菌继续作用。按醋醅的 1.5% 加入精盐，拌匀，放置后熟 2d，以增加醋酸的色泽和香味。

（6）淋醋。淋醋就是将醋酸用水提取的过程。淋醋常采用三套循环法，即甲缸内放入成熟的醋醅，用乙缸淋出的醋倒入甲缸内浸泡 10h 以上，淋下的醅称为头醋。乙缸内装头渣，用丙缸淋下的醋放入乙缸内，浸 8h 淋下的醋为套二醋。丙缸内装二渣，用清水浸泡 4h，淋下的醋为套三醋。三醋淋完后醋渣含醋 0.1%，可作饲料。头醋与套二醋合称为成品醋。

（7）陈酿。新酿制的食醋，风味一般欠佳，需要经过一段时间的放置，俗称陈酿。采用醋醅陈酿法时将醋醅加盐，移入缸中砸实，封盖后熟 15~20d，倒醅 1 次再封缸，陈酿数月后淋醋。采用醋液陈酿时醋液含酸量应大于 5%，将淋出的醋保持在 1~10℃，陈酿 1~2 个月，同时应防止杂菌污染。

（8）配兑及灭菌。陈酿醋或新淋出的头醋称为半成品，出厂前应按产品质量标准进行配兑。除总酸含量 5% 以上的高档食醋无须添加防腐剂外，一般食醋均应加入 0.06%~0.1% 的苯甲酸钠作为防腐剂。采用巴氏杀菌，条件为 80~85℃，20min；采用高温直接加热杀菌，条件为 90~95℃，10min；有条件的可采用超高温瞬时杀菌，出料温度应控制在 35℃以下，以防止热敏性风味物质挥发或变性而降低产品品质。

（二）液态发酵法制醋

液态深层发酵法制醋是较为先进的技术，其特点是发酵周期短、劳动生产率高、劳动强度低、占地面积少、不用填充料等。淀粉质原料经液化、糖化及酒精发酵后，将酒醪送入发酵罐内，接入纯粹培养逐级扩大的醋酸菌液，控制品温及通风量，加速乙醇的氧化，生成醋酸，缩短生产周期。发酵罐类型较多，现已趋向使用自吸式充气发酵罐，它于 20 世纪 50 年代初期被德国首先用于食醋生产，称为弗林斯醋酸发酵罐，并在 1969 年取得专利，日本、欧洲诸国相继采用，中国自 1973 年开始使用。

1. 液体发酵法制醋工艺流程

（1）空罐灭菌：种子罐、发酵罐及连接的管道阀门、空气过滤器应采用 0.1MPa 蒸汽灭菌 30min。

（2）种子培养：①技术要求：酒液酒度 4%~5%；醋酸种子酸度 2.5%~3.0%。②工艺参数：接种量 5%~10%；通风量 0.1m/min；培养温度 32~35℃；培养时间 24h。

（3）醋酸发酵：①技术要求：酒液酒度 5%~6%；醋酸发酵液酸度 4.5%~5.5%。②工艺参数：接种温度 28~30℃；发酵温度 32~34℃，最高不超过 36℃；通风量前期 0.07m/min、中期 0.1~0.12m/min、后期 0.08m/min；培养时间 65~72h，开始分割法取醋。总发酵期长达 6~12 个月。

（4）压滤：①技术要求：滤渣水分 ≤ 70%；酸度 ≤ 0.2%。②工艺参数：发酵醪预处理，55℃维持 24h；压头醋、二醋用泵输送，泵压 2×98kPa，压净为止。压清醋用高位槽自然压力。

（5）配兑及灭菌。工艺规程与固态发酵法相同。

2. 液体发酵法制醋操作要点

（1）原料浓度。发酵初始总浓度需控制在 5%~6%，待发酵完成用分割法取醋，即放出醋醪量 1/3 再加入酒醪 1/3，维持相同总浓度继续发酵，此后每隔 20~22h 再分割取醋一次，依次连续发酵至菌种衰退为止，正常情况可连续运行 6~12 个月。

（2）消泡。醋酸发酵过程中时有泡沫产生，主要是由死亡醋酸菌体蛋白引发。为此发酵温度要严格控制在 36℃以下，绝不允许中断通风。偶尔失控，要及时采取措施，防止泡沫溢出罐外或积累于罐中，在每次分割取醋时要把大部分泡沫去除。食醋是直接食用的，不允许用化学消泡剂，必要时可使用少量植物油消泡，也可用机械消泡。

（3）温度。要严格控制发酵温度，发酵旺盛期发酵热高达 11386kJ/（m3·h）。要特别注意冷却降温，必要时夏季需采用冷冻盐水来控制温度。

（4）供氧。通风量一般为理论计算需氧量的 2.8~3.0 倍，发酵前、中、后期可根据发酵实际情况进行调节，但绝不能中断供氧，否则会导致菌体死亡。

（5）提高食醋风味。深层液体发酵食醋风味差于固态法的主要原因是不挥发酸含量仅为固态法的 15.7%，香气中主要成分乳酸乙酯几乎为 0，因此虽然液体法生产效率高，但食醋的风味必须改进。可采取如下措施：①在酒精发酵中用乳酸菌与酵母菌混合发酵，以增加醋中乳酸含量，为产生乳酸乙酯创造条件；②做好醋酸发酵醪压滤前预处理工作。麸曲用量、后熟温度和时间要严格控制，使在后熟发酵中的蛋白质进一步水解成氨基酸，淀粉水解成单糖，有利于提高食醋的风味。

第六节　酱油生产

一、酱油生产的原料

酱油生产所需要的原料有蛋白质原料、淀粉质原料、食盐、水以及一些辅料。酱油生产的原料既要保证食品安全，又要保证生产能顺利进行，还要使产品具有独特的风味。因此合理选择原料是保证生产的重要环节。酱油生产的主要原料应符合食品安全国家标准 GB2715 的规定。

（一）蛋白质原料

酿造酱油用的蛋白质原料以大豆为主。大豆中含有 20% 左右的油脂，其对酱油品质的贡献甚微，几乎可以认为是被浪费在酱渣中，因此，除少数厂采用传统酿造法仍在使用大豆外，绝大部分厂都改用了大豆榨油后的饼粕。

1. 大豆

大豆的蛋白质含量高达 36%~40%，酱油全氮中的 3/4 来自大豆蛋白质，仅 1/4 来自小麦等淀粉质原料。在大豆的氮素成分中，非蛋白质态氮（包括嘌呤、嘧啶等）含量很少，仅占 5%~7%；95% 左右都是蛋白质态氮，其中水溶性蛋白质为 90%，可被蛋白酶水解，6%~7% 的部分为非水溶性蛋白质，是各种酶及其他低分子量蛋白质，这部分蛋白质不能被蛋白酶水解。

2. 豆粕和豆饼

豆子采用压榨法提取油脂后的副产物称为豆饼，采用浸出法提取油脂后所剩的副产物称为豆粕。和大豆相比，豆饼（粕）的脂肪含量显著降低，而蛋白质含量却大幅度提高，高出 20%~25%。经压榨处理后，大豆的细胞壁结构被破坏，豆饼（粕）的组织结构和大豆相比有了显著改善，此举可缩短润水和蒸煮时间，加快酶解速度，从而能缩短发酵周期，提高原料的全氮利用率。豆饼（粕）的价格比大豆便宜，故生产成本有所下降，同时又免了食用豆油的浪费。然而，豆饼（粕）对酱油酿造也有某些不利影响。热榨豆饼由于在加热蒸炒时，经长时间高温处理，部分蛋白质过度变性成为不溶性蛋白质，用于生产酱油时，降低了原料的全氮利用率。豆粕和冷榨豆饼因在生产时没有受到高温处理，蛋白质变性少，不溶性氮含量低，和大豆蛋白质性质类似。

3. 其他蛋白质原料

我国幅员辽阔，各地作物种植结构不同，植物蛋白质资源多种多样，这些植物的种子及其加工副产物可作为蛋白质代用原料用于酱油生产。如花生仁榨油后剩下的花生饼;豌豆、绿豆等豆类;葵花籽饼、油菜籽饼和芝麻饼等油料作物榨油后的副产物等。但需注意的是，油菜籽饼和棉籽饼由于含有有毒物质菜油酚和棉酚，应先去毒后才能用作酱油原料。

（二）淀粉质原料

过去淀粉质原料多采用小麦和面粉，现在除沿用传统工艺的少数厂家仍然采用外，绝大多数厂家已经改用麸皮，或辅以面粉、小麦、玉米、碎米、薯干等富含淀粉的原料。淀粉质原料是生产酱油中糖分、醇类、有机酸、酯类、色素及浓度的重要来源，与酱油的色、香、味、体等感官指标有重要关系。

1. 小麦

小麦是最为适宜的淀粉质原料。它不仅碳水化合物含量高，而且蛋白质含量也比较高。生产中常将小麦焙炒后粉碎用于制曲或直接磨粉后用麦粉或面粉进行制曲。

小麦的碳水化合物（无氮浸出物）包括含量65%左右的淀粉，主要存在于胚乳中，以及少量的蔗糖、葡萄糖、果糖和糊精等，主要存在于胚芽和麸皮中。这些碳水化合物在制曲过程中是曲霉的良好碳源，在发酵过程中，被逐步糖化，能增加酱油的甜味和固形物，也能被酵母菌、乳酸菌等利用发酵产生酒精和乳酸等，是酱油生香物质的前体。

小麦的蛋白质组成主要是麸蛋白和麦谷蛋白，统称为谷蛋白（也称面筋），谷蛋白的高级结构松弛，即使不经加热变性，也能比较容易地被酶水解。而且谷蛋白中谷氨酸含量比其他氨基酸高出5倍多，是重要的鲜味来源。

2. 麸皮

麸皮是小麦磨粉后的副产物。麸皮是比较理想的淀粉质原料。麸皮的成分因小麦的品种、产地以及制粉机械的不同而有一定差异。

麸皮的碳水化合物含量比小麦要低20%左右，生产中常用添加淀粉糖化液制醅发酵的方法以补充其不足。麸皮的碳水化合物中多聚戊糖的含量高达20%~40%，水解后生成大量的戊糖，其非常有利于酱油香气物质和色素物质的形成。另外，麸皮的纤维素含量高，质地疏松，表面积大，有利于通风制曲和淋油;灰分（无机盐）和维生素的含量也显著高于小麦和面粉，能够满足霉菌生长繁殖需要，所以不必再另加其他营养物质。然而，若麸皮的添加量过大，会降低酱油品质。因为麸皮中含有20%的多缩戊糖，这类五碳糖不能被酵母菌发酵，不能产生醇类物质，不利于改善酱油风味。特别是五碳糖形成的色素乌黑发暗，不及六碳糖（如葡萄糖）好。

3. 其他淀粉质原料

除了小麦、麸皮之外，各地就地取材，凡是含有淀粉而又无毒无异味的谷物，均可作为酱油生产的淀粉质原料，例如碎米、玉米、甘薯干、小米、高粱、大麦、米糠等。

（三）食盐

食盐是生产酱油不可缺少的主要原料之一，它使酱油具有适当的咸味，能提高鲜味口感，增加酱油的风味。食盐在发酵过程中相应减少杂菌污染，起到防腐的作用。酱油酿造用食用盐应符合 GB5461 的规定。

（四）水

用于酱油生产的水必须符合生活饮用水卫生标准 GB5749。目前随着工业化的进展，酿造酱油用水多选用自来水，而自来水需经过处理达到酿造水的要求方能使用。

二、酱油现代生产流程及技术参数

经过数千年的生产演变，尽管目前酿制酱油的方法各有不同，但是酱油生产的工序基本一致（图 5-3），均需经原料处理、菌种选择与种曲制备、成曲制备、发酵、取油及加热调配等过程。

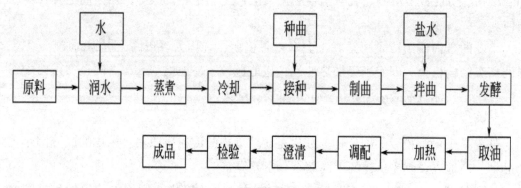

图 5-3 酱油酿造的一般工序

（一）原料处理

原料处理是酱油酿造的第一道重要工序。原料处理是否得当将直接影响到制曲的工序是否顺利，成曲质量的好坏，酱醅和酱醪的成熟，淋油及压榨的速度及出油率的多少等。

原料处理包括原料预处理、粉碎、润水、蒸煮，经过充分润水和蒸煮，可使蛋白质达到适度变性，淀粉充分糊化，以利于米曲霉的生长繁殖和酶系、酶量的分泌及酶解作用。同时，通过蒸煮杀灭附着在原料上的杂菌，排除其在制曲过程中对制曲微生物生长的干扰。

1. 原料粉碎

不同的原料有不同的处理方法。如采用豆饼为原料，需要预先粉碎。豆粕、麸皮原料呈片粒状，一般不需要粉碎，如有较多团块，拣出或筛去即可。豆饼、小麦和玉米等原料一般需粉碎成粗粉状或破碎颗粒表皮，使淀粉暴露，以利于吸水蒸煮。粉碎后的原料颗粒大小要均匀，有利于原料吸水和蒸熟程度均匀，同时有利于增大米曲霉繁殖的比表面积，使制曲过程能够大量分泌酶系。如果颗粒度太细呈粉末状，则会造成制曲时密度过大，不利于通风制曲，易污染厌氧细菌，影响米曲霉好氧生长，且在发酵时增加酱醅、酱醪黏度，影响出油率。原料粉碎常采用锤式粉碎机，筛孔直径为9mm。小麦原料破碎前通常需要经过焙炒，简易的可采用平锅，规模生产则采用炒麦机。炒熟小麦的淀粉达到糊化，易被酶解，对增色生香有利。炒熟的小麦再经破碎，与蒸熟的豆粕混合后进入下一道工序。

2. 加水润料

向原料中加入适量的水分，原料均匀而完全地吸收水分的过程称为润料或润粮。加水润料的目的是使原料中蛋白质含有一定量的水分，以便于在蒸煮时迅速达到适度变性，同时使原料中淀粉易于充分糊化，为曲霉生长提供碳素养分。另外还为曲霉生长繁殖提供必要的水分。

（1）加水量的确定。加水量的确定是酱油制曲过程中的关键步骤，直接关系到成曲的质量。微生物的生长繁殖要求基质中有一定的水分活度（Aw）。曲霉所需的Aw值较低，而细菌一般较高。因此，当曲料中的水分含量控制在曲霉能够生长，而又低于细菌生长所需要的最适Aw时，曲霉的孢子在短时间内就能吸水萌发长出菌丝，占据生长优势，抑制细菌的侵染。但水分过多，则不利于米曲霉的生长繁殖和酶的分泌，反而招致杂菌的繁殖，消耗掉大量的淀粉和蛋白质，产生较多的游离氨等不良气味，影响酱油的品质。如果水分较少，同样不利于曲霉的生长和酶的分泌，蒸煮时，也不利于原料蛋白质的变性。

（2）润料设备。润料设备是与蒸料设备相匹配的。中小型厂多用常压蒸料，将原料加水后用扬料机场料1~3遍，将料和水拌匀，然后静置润水半小时左右。采用旋转式蒸煮锅蒸料，加水润料均在旋转式蒸煮锅内进行。采用连续蒸煮装置蒸料，在连续蒸煮装置的洒水绞笼中加水润料。

3. 蒸料

（1）蒸料的目的及要求。蒸料的目的首先是使原料中的蛋白质完全适度地变性，使原料的细胞组织松散，有利于制曲微生物所产生的蛋白酶系分解。其次，蒸料过程可使淀粉吸水膨胀而达到糊化程度，并产生少量糖类供制曲微生物生长繁殖利用。同时，蒸料过程的高温处理可杀灭附着在原料上的微生物，以提高制曲的安全性。

蒸料并不是一个简单的加热蒸煮过程，必须精确掌握蒸煮压力、温度和时间，才能使原料蛋白质完全适度变性，才能提高原料蛋白质利用率和酱油质量。如果加水不足、压力偏低或时间过短，原料未蒸熟，其中的部分蛋白质还未达到适度变性，这部分蛋白质便不能被蛋白酶水解，而是保留在生酱油中，一旦生酱油加水稀释或加热，就会出现浑浊，静置一段时间析出淡黄色或白色沉淀，一般称此现象为 N 性，此浑浊或沉淀物称为 N 性物质。如果高温长时间蒸料，原料中的蛋白质则会发生过度变性，即松散紊乱状态的蛋白质又重新组织，因而也不能被蛋白酶水解，并且不溶于（盐）水和酱油。同时在高温长时间蒸料过程中，原料的糖类与肽、氨基酸等含氮化合物发生复杂的美拉德反应，使熟料呈深红褐色。这些也都会降低原料蛋白质的利用率。

蒸料要求达到一熟、二软、三疏松、四不粘手、五无夹心、六有熟料固有的色泽和香气。蒸料质量常用熟料的消化率表示，消化率是熟料中能被蛋白酶水解的蛋白质的量占熟料总蛋白质的量的百分含量。蒸料质量与蒸料温度、时间、压力变化等密切相关。目前许多厂采用"高效法"蒸料，即高温短时间蒸料，短时间内脱压降温。和原来的低温长时间蒸煮相比，消化率大大提高，原料蛋白质基本上达到了完全适度的变性。

（2）蒸料的设备及方法。目前我国酱油生产厂采用的蒸料设备可分为以下 3 类，中小型厂仍然使用常压蒸煮设备，大多数厂家采用旋转式蒸煮锅，少数厂家开始采用更为先进的连续蒸煮装置。

①常压蒸煮设备。最简易的常压蒸煮设备就是用木质蒸桶或多节蒸笼，置于大锅上，利用锅内的水沸腾后产生蒸汽进行蒸料。有蒸汽供应的工厂，采用蒸桶或方形铁箱，底部装有蒸汽盘管，盘管上安装假底，侧面开有卸料门，上加木盖或麻袋布用以保温。常压蒸煮设备结构简单，便于操作。但是曲料蒸熟不易均匀，可能有未变性的蛋白质存在，原料蛋白质利用率最高仅 70% 左右，而且耗能多，进出料劳动强度大。

②旋转蒸煮设备旋转蒸煮设备的特点是可做 360° 旋转，原料可以通过真空泵吸入锅内，润料、蒸煮均在旋转状态中进行，所以润料、蒸煮都很均匀，不易产生 N 性物质。而且操作基本上能实现机械化，减轻了劳动强度，目前被国内大多数企业所采用。

旋转蒸煮锅的锅体以立式双头锥为主，也有球形的。其容积一般为 5~6m³。旋转装置由电动机、变速箱、实心轴和空心轴组成（如图 5-4 所示），可使锅体做 360° 旋转运动，促使锅内曲料蒸煮均匀。冷却排气管和水力喷射器相连，蒸料毕，利用水力喷射器抽真空，使锅内压力迅速下降，锅内水分在低压下大量蒸发，并带走大量热量，曲料在短时间内被脱压冷却。

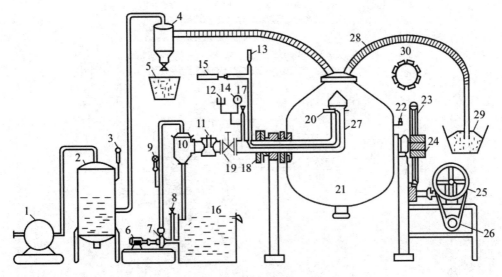

图 5-4　旋转式蒸煮锅（无假底）装置示意图

1，3—真空泵；2—水过滤器；4—旋风分离器；5—贮尘桶；6，26—电动机；7—水泵；8—给水管阀；9—压力表；10—水力喷射器；11—单向阀；12—安全阀；13—加水管；14—压力真空表；15—蒸汽管；16—贮水池；17—排气管阀；18—空心轴及填料匣；19—闸门阀；20—喷水及喷汽管；21—转锅体；22—温度计；23—正齿轮；24—实心轴；25—涡轮变速箱；27—冷却排气管；28—进料软管；29—进料斗；30—蒸料锅盖

③FM 连续蒸煮设备。FM 连续蒸煮设备是 20 世纪 70 年代由日本藤原酿造机械有限公司研发成功，目前在国内已有制造和使用。原料通过第 1 节洒水绞龙润料，进入第 2 节预蒸不锈钢金属网绞龙，然后进入第 3 节由回转阀随着金属网的移动进行加压蒸煮，最后通过减压室脱压出料。料层厚度约 20cm，压力 0.18~0.20MPa，蒸煮时间为 3min。该设备的特点是连续润料、蒸料，机械化程度高，原料蛋白质能够达到适度变性，比较适用于大型企业。FM 连续蒸煮设备示意图（见图 5-5）。该装置生产能力为 2t/h 脱脂大豆，所用锅炉蒸发量 21t/h，传热面积 49.7m²，常用压力 800kPa。

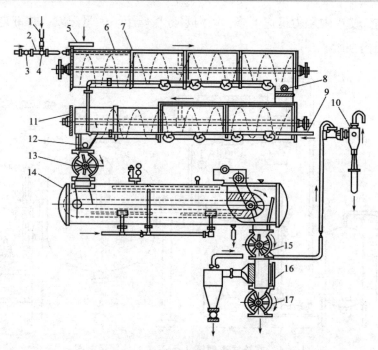

图 5-5　FM 连续蒸煮设备示意图

1，9—蒸汽管；2—水管；3—流量计；4—温水装置；5—原料入口；6—洒水管；7—第 1 次浸渍绞龙；8，12—温度计；10—喷射冷凝器；11—第 2 次浸渍绞龙；13—旋转阀；14—横置圆筒蒸煮罐；15，17—旋转阀；16—减压室

（二）菌种选择与种曲制备

种曲即酱油酿造制曲时所用的种子，它是生产所必需的菌种，例如米曲霉、酱油曲霉、黑曲霉等经培养而得的含有大量孢子的曲种。制种曲的目的是要获得大量纯菌种，要求菌丝发育健壮、产酶能力强、孢子数量多、孢子发芽率高、杂菌少。

1. 菌种的选择

在种曲制备过程中，选择性状优良的菌种十分关键。酱油种曲制备所需要的优良菌种应具备以下条件：①安全性好，不产生黄曲霉毒素等真菌毒素及其他有毒成分；②酶系全、酶活力高，其中蛋白酶（尤其是酸性蛋白酶）、淀粉酶（糖化酶）活力高，具有高谷氨酰胺酶活力；③繁殖力旺盛，抗杂菌能力强；④菌种纯，性能稳定；⑤制曲过程中碳水化合物消耗少；⑥香味好，不产生异味，酿制的酱油风味好，产率高。

目前我国酱油生产使用的菌株主要为米曲霉沪酿 3.042，即 AS3.951。该菌种分泌的蛋白酶和淀粉酶活力很强，繁殖较快，发酵时间仅为 24h；对杂菌有非常强的抵抗能力；用其制造的酱油质量十分优良；不会产生黄曲霉毒素等，不易变异。此外，还有一些性能优良的菌株，也逐渐被酿造厂采用，如上海酿造科学研究所的 UE336，重庆市酿造科学研究所的 3.811，江南大学的 961 等。近几年采用黑曲霉 AS3.350 或 F27 与米曲霉混合制曲也逐渐得到推广。混合制曲可丰富酶系，还可提高原料利用率。

2. 试管菌种培养与种曲制备

（1）试管菌种培养。制备豆汁或米曲汁培养基，灭菌后分装制成试管斜面，将米曲霉接种入斜面。斜面培养基接种后，30℃恒温培养 3d，直到长满茂盛的孢子即可。斜面菌种没有时使用，可置 4℃冰箱保存 1~3 个月。对于长期保存菌种，可采用石蜡保藏法、砂土管保藏法或麸皮管保藏法。如果菌种出现退化现象，如菌丝变短，颜色改变，孢子生长不整齐或明显减少甚至不能形成，酶活力降低等，应进行分离复壮。生产中一般在传代 3~4 次后就要进行分离复壮。

（2）种曲制备。采用麸皮培养基在三角瓶中进行菌种扩大培养。培养基配方为：麸皮 80g、面粉 20g、水 95~100mL，或麸皮 85g、豆饼粉 15g、水 95mL。将培养基原料混匀后，分装于在 250mL 三角瓶内，料厚度约 1cm，121℃湿热灭菌 30min，灭菌后趁热把曲料摇散。

待曲料冷却至室温后，在无菌操作环境下接种试管菌种孢子 1~2 环，充分摇匀后，于 30℃培养 36~48h，菌丝充分生长结块后进行扣瓶，即将三角瓶斜倒，使底部曲料翻转悬空在三角瓶中，与空气充分接触。继续培养 1d，待全部长满黄绿色孢子即可。培养好的种曲及时使用，如果短时间保存，可置于 4℃冰箱中，但放置时间不宜超过 10d。

三角瓶培养的种曲质量要求孢子发育肥壮、整齐、稠密、布满培养料，米曲霉呈鲜艳黄绿色，黑曲霉呈新鲜黑褐色；有曲霉特有的香味，无异味，无杂菌，内无白心。孢子数（个 /g 干基，血细胞计数板测定）米曲霉沪酿 3.042 达 90 亿个 /g，黑曲霉 F27 达 80 亿个 /g 以上，黑曲霉 AS3.350 达 200 亿个 /g；且孢子发芽率在 90% 以上。

一些小型酱油生产厂由于产量小，所用种曲量也少，可将三角瓶种曲直接作为种曲使用。但对大中型酱油厂而言，三角瓶种曲不够量，因此常以三角瓶种曲为菌种进一步扩大培养。目前大多数大型酱油生产企业多采用通风曲箱制作种曲。在长方形通风曲箱（3.5m×1.6m×0.4m）中，曲料厚度可达到 12cm，间歇通风培养 70h 制成种曲，其种曲质量稳定，杂菌少，酱油出品率提高，同时减轻了工人劳动强度。

（三）成曲制备

成曲的制备过程简称制曲。制曲是我国酿造工业的一项传统技术，其实质就是固体发酵过程，即创造曲霉菌适宜的生长条件，促使曲霉充分生长繁殖，从而分泌出高活力的蛋白酶、淀粉酶等酶系，为制醪发酵打下良好基础。

制曲多采用纯种制曲。根据制曲方式，分为液体曲和固体曲。液体曲研究开始于 20 世纪 50 年代，是采用液体培养基接入曲霉进行培养的一种方法，适合于管道化和自动化生产，生产周期短。但液体曲酿制的成品风味欠佳且色泽较浅。固体曲使用广泛，制曲方法有厚层机械通风制曲、曲盘制曲、圆盘式机械制曲等。其中使用最为广泛的是厚层机械通风制曲法，它具有曲层厚、设备利用率高、节约人力、操作适合于机械化、成曲酶活力高等优点。

厚层机械通风制曲的主要设备（见图5-6）。

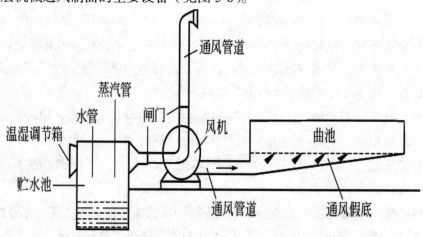

图5-6　厚层机械通风制曲示意图

将接种后的物料送入曲池，曲料厚度一般为30cm左右。利用风机供氧，调节温湿度，米曲霉经过4个阶段：孢子发芽期→菌丝生长期→菌丝繁殖期→孢子着生期，在较厚的曲料上生长繁殖和积累酶系，培养22~26h后曲呈淡黄绿色即可出曲。

旋转圆盘式自动制曲机最初是由日本人设计生产的。主要结构包括圆盘曲床、保温室、顶棚、夹顶、进料器、刮平装置、翻曲装置、出曲装置、测温装置、空调通风以及电器控制等。以多孔圆板的旋转体为培养床，四周有一圈挡板，防止曲料散落。曲料的加入、摊平、通风、测温和出曲均可实现自动化，单人操作即可。全机为封闭式，因而成曲杂菌少，质量高。旋转圆盘式自动制曲就是今后制曲发展的方向。

（四）发酵

酱油的发酵是指将成曲拌入盐水，装入发酵容器内，采用保温或者不保温方式，利用曲中的酶和微生物的作用，将酱醅（醪）中的物料分解、转化，形成独特色、香、味、体成分的过程。如果成曲拌入盐水量多，呈浓稠的半流动状态的混合物，称为酱醪；如果成曲拌入盐水量少，呈不流动状态的混合物，称为酱醅。

我国的酱油生产工艺繁多。根据发酵加水量的不同可分为稀醪发酵以及固态发酵、固稀发酵；根据加盐量的不同分为有盐发酵、低盐发酵、无盐发酵；根据发酵时保温方式的不同分为自然发酵和保温速酿发酵；根据发酵过程物料状态和含盐量多少分为低盐固态发酵、高盐稀态发酵和固稀发酵等。目前国内酱油酿造厂普遍采用的有低盐固态发酵工艺和高盐稀态发酵工艺。由于传统的天然晒露发酵工艺因其酿造的酱油酱香浓郁、风味醇厚、色泽饱满，近几年来各大酱油生产企业又开始恢复使用此工艺生产。

1.低盐固态发酵

低盐固态发酵工艺是 20 世纪 60 年代初，我国研究的一种发酵工艺，它综合了几种发酵工艺的优点，具有管理方便、蛋白质利用率高、产品质量稳定等优点，但产品风味和色泽都不及天然晒露法和高盐稀态法酱油。目前我国大多数酱油生产企业仍采用低盐固态发酵法进行酱油酿制。由于不同地区不同厂家使用的设备、原料等不同，低盐固态发酵又可分为低盐固态发酵移池浸出法、低盐固态发酵原池浸出法和低盐固态淋浇发酵浸出法。

（1）低盐固态发酵移池浸出法。发酵池不设假底，发酵结束后，把酱醅移至淋油池淋油，我国北方地区应用较多。

①工艺流程。低盐固态发酵移池浸出法工艺流程（见图 5-7）。

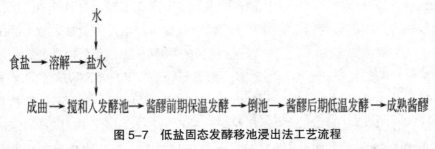

图 5-7　低盐固态发酵移池浸出法工艺流程

②操作要点

a.盐水调制。将食盐溶解，调整到 11~13°，盐浓度过高会抑制酶的作用，影响发酵速度；浓度过低则可能污染杂菌，使酱醅 pH 下降，并抑制中性、碱性蛋白酶的作用，甚至引起酱醅酸败，从而影响发酵正常进行。

b.拌曲盐水温度。夏季盐水温度 40~45℃，冬季盐水温度 50~55℃。入池后，酱醅品温控制在 40~45℃。盐水温度过高会使成曲中的酶活性降低，甚至失活。

c.拌曲盐水量。拌曲盐水量一般控制酱醅水分在 50%~53%。拌水量的多少对分解率与原料的利用率关系密切。拌水量少，酱醅温度升高快，对酱油色泽的提高很有效，但对原料水解率与原料的利用率不利；拌水量多虽对水解率与原料的利用率有利，但酱醅不易升温，导致酱油色泽较淡。

d.保温发酵。发酵前期，将温度控制在 40~45℃，此温度是蛋白酶的最适作用温度，维持 15d 左右，水解即可完成。如后期补盐，使酱醅含盐量达 15% 以上，后期发酵温度可以控制在 33℃左右，此时酵母菌和乳酸菌生长发酵。整个发酵周期为 25~30d。国内一些工厂由于设备条件限制，发酵周期多在 20d 左右。为使发酵在较短时间内完成，可适当提高酱醪温度，但不宜超过 50℃，否则会破坏蛋白酶，肽酶和谷氨酰胺酶也会很快失活。

e. 倒池。倒池可以使酱醪各部分温度、盐分、水分以及酶的浓度趋向均匀，并可使酱醪内部产生的有害气体挥发，增加酱醪含氧量，防止厌氧菌生长，以促进有益微生物繁殖。倒池的次数依据总体的发酵情况而定。发酵周期为 20d 时，只需在 9~10d 倒池一次；发酵周期为 25~30d 时，可倒池 2 次。

（2）低盐固态发酵原池浸出法。该方法发酵和淋油在同一池中进行，发酵池下设置阀门，发酵完毕，放入冲淋盐水浸泡后，打开阀门即可淋油。其他步骤与移池操作基本相同，不必考虑移池操作对淋油的影响。酱醪含水量可增大到 57% 左右，这样的含水量有利于蛋白酶的水解作用，从而提高全氮利用率。同时，由于醪中水分较大，酱醪不易焦化而产生焦煳气味，有利于酱油质量的提高。

（3）低盐固态淋浇发酵浸出法。淋浇即在发酵前期，将积累在发酵池假底下的酱汁，用泵抽回浇于酱醪表面，使酱汁布满酱醪整个表面均匀下渗，将渗漏的酶液再回到酱醪中充分发挥其作用，还可以补充表面水分，减少氧化层，及时调节酱醪温度使上下层温度一致。发酵后期通过浇淋可向酱醪中补加浓盐水、耐盐性乳酸菌和酵母菌培养液，迅速把品温降至 30℃ 左右，以促进发酵作用和后熟作用。因而能在较短的发酵时间内，增进酱油风味，能够很好地解决固态低盐发酵工艺酱油风味差的问题。

其具体操作方法：制醪入池（制醪方法同移池淋油发酵），表面不进行盐封。发酵前期 14~15d，保持品温 40~45℃。从酱醪入池次日浇淋一次，以后每隔 4~5d 浇淋一次，前期共需浇淋 3~4 次。转入发酵后期，通过浇淋，补加浓盐水和乳酸菌、酵母菌培养液，使酱醪含盐量达 15% 以上，品温降至 30℃ 左右，维持此品温进行后期发酵。第 2 天及第 3 天再分别浇淋一次，使菌液分布均匀，品温达到一致。后期发酵 14~15d，酱醪成熟即可出油。

2. 高盐稀态发酵

高盐稀态发酵法是指成曲中加入大量盐水，使酱醪呈流动状态进行发酵。由于酱醪中含水量高，原料组分溶解性好，酶活性强，有益微生物的发酵作用以及后熟作用进行得比较充分，所以原料利用率和酱油风味均优于固态发酵。另外酱稀醪保温输送方便，适于大规模机械化生产。但由于发酵周期较长，需要较多的发酵设备，以及输送、搅拌和压榨取油设备，酿造出的酱油色泽较淡。在 20 世纪 40~50 年代，国内大型厂家曾采用过稀醪保温发酵工艺，但是后来都改用了固态低盐发酵工艺。70 年代后期，在稀醪保温发酵工艺的基础上演变出的稀醪低温发酵新工艺被国内外不少厂家采用，以酿制高级酱油。高盐稀态低温发酵酱油香味浓郁、口味醇厚，将是我国优质酱油的主流生产工艺。

根据发酵温度不同，高盐稀态发酵又分为稀醪常温发酵、稀醪保温发酵和稀醪低温发酵。常温发酵的酱醪温度随气温高低自然升降，酱醪成熟缓慢，发酵时间较长。

（1）稀醪常温发酵（日晒夜露法）。稀醪常温发酵是历史上最早使用的酱油生产方法。一般在低温的春季制醪发酵，随气温逐步上升，至三伏季节处于高温阶段，发酵达到最高峰。到秋季进入后熟阶段。在稀态发酵期间，采用日晒夜露的方法，酱醪温度随气温高低自然升降，发酵期3~6个月。该工艺在日照时间长且年平均气温高的南方广泛应用。如广东的生抽王、老抽等产品多是采用这种工艺生产。其生产工艺（如图5-8所示）。

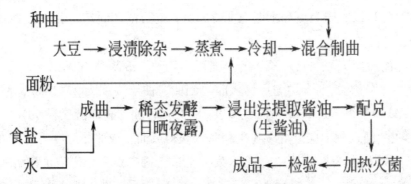

图5-8 稀醪常温发酵工艺流程

成曲加入220%~250%、19~20° Bé 的盐水，搅拌均匀后送入发酵池或露天发酵罐（为全密封式）进行自然晒露发酵，时间为4~6个月。在第一周内，应每天用压缩空气或人工搅拌2次，使酱醪浓度、温度一致，酶体溶出，促进反应。以后可根据发酵情况，每日或间隔一日搅拌1次，直至酱醪成熟。

（2）稀醪保温发酵。稀醪保温发酵也称温酿稀发酵，成曲加入220%~250%、19~20° Bé 的盐水，搅拌均匀后送入发酵池或露天发酵罐。根据保温温度不同，又可分为消化型、发酵型、一贯型和低温型。

①消化型。酱醅发酵初期温度较高，一般可达到42~45℃，保持15d，此时酱醅主要成分全氮及氨基酸生成速度基本达到高峰，然后逐步降低发酵温度，促使耐盐酵母大量繁殖并进行酒精发酵，同时使酱醪成熟。发酵周期为3个月，产品口味浓厚，酱香气较浓，色泽比其他类型深。

②发酵型。温度是先低后高。酱醅先经过较低温度缓慢进行酒精发酵，然后逐渐将发酵温度上升至42~45℃，使蛋白质分解作用和淀粉糖化作用完全，同时促使酱醅成熟。发酵周期为3个月。

③一贯型酱醪发酵温度始终保持在42℃左右，耐盐耐高温的酵母菌也会缓慢地进行酒精发酵。发酵周期一般为2个月，酱醪即可成熟。

④低温型。酱醪发酵温度在 15℃维持 30d。目的是抑制乳酸菌的生长繁殖，同时保持酱醪 pH7 左右，使中性和碱性蛋白酶及谷氨酰胺酶能充分发挥作用，有利于谷氨酸生成和提高蛋白质利用率。30d 后，发酵温度逐步升高并开始乳酸发酵。当 pH 下降至 5.3~5.5，品温 22~25℃时，鲁氏酵母菌开始酒精发酵，温度升到 30℃是酒精发酵最旺盛时期。下池 2 个月后 pH 降到 5 以下，酒精发酵基本结束，而酱醪继续保持在 28~30℃ 4 个月以上，酱醪达到成熟。在此时期，球拟酵母大量繁殖，分解五碳糖生成 4 - 乙基愈创木酚，从而使酱油具有特殊的酱香。

3. 固稀发酵

固稀发酵是以脱脂大豆和小麦为主要原料，经过前期固态发酵和后期稀发酵两个阶段酿造酱油的工艺。

将蒸熟的脱脂大豆与焙炒破碎的小麦混合均匀，冷却到 40℃以下，再接入种曲。种曲用量为 2%~3%，混合均匀后移入曲池制曲，曲层厚度为 25~30cm，品温控制在 30~32℃，最高不得超过 35℃，曲室温度 28~32℃，曲室相对湿度在 90% 以上，制曲时间 3d。在制曲过程中应进行 2~3 次翻曲，获得成曲。成曲与温度为 45~50℃、浓度为 12~14° Bé 盐水按 1：1 均匀混合入发酵池进行固态发酵。为防止酱醪氧化，应在酱醪表面撒上盖面盐。固态发酵 4d 后，加入二次盐水，进入稀态发酵。二次盐水浓度为 18° Bé，温度为 35~37℃，二次盐水加入量应为成曲原料的 1.5 倍，加入二次盐水后酱醪成稀醪状，然后进行保温稀发酵。保温稀发酵保持品温 35~37℃，发酵时间 15~20d，后期发酵温度 28~30℃，发酵时间 30~50d。在保温稀发酵阶段，应采用压缩空气对酱醪进行搅拌。

（五）酱油的提取

酱油的提取方法根据生产规模和生产工艺不同而不同，天然晒露发酵、稀醪发酵和固稀发酵一般采用压榨法取油。而固态低盐发酵和固态无盐发酵一般采用浸出法取油。

1. 浸出法

浸出法是我国 1959 年根据饴糖生产中"淋缸"的原理开发的一种酱油提取技术，取代了传统的杠杆式压榨工序。

浸出法包括浸泡和滤油两大步骤。浸泡的目的是使酱醪中的可溶性物质尽可能多地溶入浸提液中。影响浸提效率的主要因素包括浸出物的分子量、浸泡温度和被浸出物质在浸提液中和酱醪中的浓度差等。酱醪中的糖、盐分等小分子物质很容易溶出，而含氮大分子溶出的速度较慢，需要长时间浸泡。浸泡温度越高，浸出物越容易溶出。浸提液量大，浓度低，则浸出物量多，需要的浸泡时间短。影响滤油的因素主要有过滤面积、酱醪阻力等。酱醪阻力主要与酱醪的疏松程度和厚度有关。酱醪越疏松，酱醅层越薄，过滤速度越快。如果成曲质量差，或发酵不彻底，酱醅发黏，则大大减缓过滤速度。

　　酱油的浸出工艺流程（如图5-9）所示。

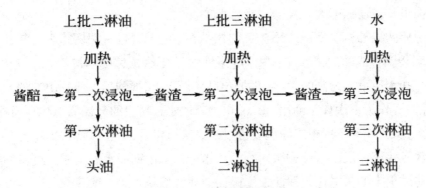

图5-9　酱油的浸出工艺

　　酱醅成熟后，如果是原池淋油发酵，可在发酵池中直接加入上批二淋油浸泡。如果是移池淋油，先将酱醅移入淋油池。淋油池的结构和带假底的发酵池相似，但面积更大。移池时要注意轻取轻放，过筛入池。醅面应保持平整，以保证淋油池各处疏密一致，浸泡均匀。二淋油的加入量视产品规格以及原料出品率而定。二淋油先预热至80℃左右，以保证浸泡温度在60℃以上。加入二淋油时，注意水流要缓慢分散，以免破坏醅层的疏松结构。

　　浸泡2h左右，酱醅慢慢上浮，然后逐步散开。如果酱醅整块上浮后，一直不散开，则说明发酵不好，酱醅发黏，滤油会受到一定的影响。浸池6h左右，淋出头油流入酱油池内。池内预先加入食盐，流出的头油通过盐层将食盐逐渐溶解。

　　当头油即将滤完，酱渣刚露出液面时即可加入80℃左右的上批三淋油，浸泡2h左右，淋出入二油池，按同样的方法溶解食盐，即为二淋油，70℃保温保存，以供下批淋头油用。

　　待二淋油即将滤完，再加入上批四淋油，浸泡2h左右，淋出得三油。最后加入清水，浸泡1h，淋出得四油。淋出的三油、四油同样应保温保存，以免污染杂菌，影响下批生产。淋油完毕，要求酱渣（干基）中食盐及可溶性无盐固形物含量均不得高于1%（原料配比是豆饼：麸皮为6:4）。酱渣主要用作饲料，也有些厂用于生产种曲。

　　2.压榨法

　　随着生产规模扩大，压榨取油逐渐兴起，最早使用的压榨设备均为杠杆式压榨机。此后又经历了螺旋式压榨机、水压式压榨机。如今结构或滤布材质上都有很大改进，生产效率更高，劳动强度也逐步降低。

　　（1）杠杆式压榨机。杠杆式压榨机是早期使用的酱油压榨设备，将成熟的酱醅装入布袋置于木榨箱中，利用杠杆一端悬挂重石榨取酱油。其结构主要有支架、支脚、杠杆、底板、榨箱、盖板、拉杆及加压架。取成熟豆酱置于缸内，加入母油和匀，灌入布袋内，压榨后得套油。套油中再加成熟豆酱轧出双套油。由头渣及二渣加盐水套榨母油。该设备劳动强度大，且生产能力小。

（2）螺旋式压榨机。螺旋式压榨机的榨箱有木制的，也有用钢筋水泥制的。榨袋用布袋或麻袋。将成熟的酱醅加入相同数量的盐水混合成酱醪后浸泡 1d，榨出头油，头渣中加入盐水用量约为酱的 80%（根据出品率而定），搅匀后，压榨出二油，加盐至 20° Bé 左右，作为下次榨头油用。二渣再加入淡水，用量约为酱的 70%，压榨出油，加盐至 17° Bé，作为下次榨二油用。经过第 3 次压榨后，残渣从袋中取出。

（3）水压式压榨机。水压式压榨机的榨箱全部采用钢筋水泥制成。将酱醪灌入榨袋压榨，初淋出来的酱油比较浑浊，用此酱油冲洗榨箱（袋）壁酱醪，待淋出酱油清澈后，开始逐渐加压，直至榨干后，从麻袋中取出头渣。头渣很坚硬，须以机械轧碎，再放置于贮醪池内，加入三油浸泡，并以压缩空气不断翻拌使之成稠厚的酱醪状，再次装袋榨干。一般稀醪发酵的酱醪要压榨 2~3 次。

（六）酱油的加热调配

1. 加热

从酱醅中浸淋或压榨出的酱油称为生酱油，生酱油需经加热灭菌和调配后才能成为各种等级的成品酱油。通过加热，可以杀死某些耐盐微生物，如耐盐酵母；破坏微生物所产生的酶，特别是脱羧酶和分解核酸的磷酸单酯酶，避免继续分解氨基酸而降低酱油的质量；除去悬浮物；调和香气；促进氨基酸、糖等化合物发生反应生成色素，从而增加酱油的色泽。

酱油的加热温度，因品种不同而异。高级酱油具有浓厚风味，且固形物含量高，但是加热会使有些风味成分挥发，甚至产生焦煳味而影响质量，因此加热温度不宜过高。而对于固形物含量低、香味差的酱油，加热温度可适当提高。一般采用 65~70℃处理 30min；也可采用 80℃连续杀菌。高温长时间的处理容易导致酱油中低沸点的风味物质损失，因此酱油的灭菌也常采用高温瞬时杀菌。

2. 调配

由于生产过程中原料、操作、管理等的差异，导致每批酱油的质量不尽相同，各有优劣。但要求出厂的成品酱油应不低于国家质量标准的等级所规定的各项指标，同时还应保持本厂产品的风格。所以，要根据国家质量标准和本厂标准，将不同批次质量不同的酱油进行调配（俗称拼格），同时调配过程中添加某些添加剂，可调整产品的风味，提高产品的保质期。常用于调整鲜味成分的有谷氨酸钠（味精）、鸟苷酸、肌苷酸等；调整甜味成分的有砂糖、甘草、饴糖等；调整芳香成分的有花椒、丁香、桂皮（浸提液）等；用作防腐剂的有苯甲酸钠、山梨酸钾等。

（七）酱油的贮存及包装

已经配制合格的酱油，在进入包装工序之前，要经过一段时间的贮存期。贮存对于改善风味和体态有积极作用。一般把酱油静置存放于室内地下贮池中，或露天密闭的储罐中，这种静置可使酱油中细微的悬浮物质缓慢下降而进一步澄清。酱油中的挥发性成分在低温静置期间，仍然够进行自然调节，各种香气成分在自然条件下部分保留，对酱油起到调熟作用，使滋味适口、香气柔和。

包装前要明确产品等级，计量准确。包装好的产品要做到清洁卫生，标签整齐，并标明包装日期。成品库要保持干燥清洁，包装好的成品避免日光直接照射或雨淋。

第七节 酸菜生产

一、酸菜生产的原料

酸菜生产的原料包括蔬菜原料与辅料，其质量应符合相应的标准和有关规定。

（一）蔬菜原料

凡肉质肥厚、组织紧密、质地嫩脆、不易软烂，并含有一定糖分的新鲜蔬菜，均可作为加工酸菜的原料。一般大多数蔬菜都可以用来加工酸菜，如仔姜、甘蓝、大白菜、荠菜、豆角、黄瓜、辣椒、萝卜、胡萝卜等。而小白菜、菠菜、苋菜等叶菜类由于叶片薄、质地柔嫩、易软化，不适宜做酸菜原料。制作时可多选用几种蔬菜混合泡制，使产品的色泽、风味更加丰富。

在适宜用作酸菜的蔬菜中，根据其耐贮藏性又可分为3类：可贮存1年以上的蔬菜：仔姜、大蒜、苤蓝、洋葱、苦瓜、藠头等；可贮存3~6个月的蔬菜：萝卜、豇豆、四季豆、青菜头、辣椒、胡萝卜等；可贮存1个月左右的蔬菜：黄瓜、莴笋、甘蓝、大白菜等。要求根据泡制的时间长短选择新鲜原料。

蔬菜原料的新鲜程度也是原料品质的重要标志。原料新鲜，经加工后不仅其营养成分保存多，而且可以保持鲜嫩和原有的风味。新鲜的蔬菜如不及时加工，会发生老化现象，不再适宜用作原料。因为老化的菜一是皮厚、种子坚硬；二是含糖较多、肉质发软，不脆不嫩。因此，原料购买后要尽快加工。如不能及时泡制，要将鲜菜放在阴凉通风处，避免鲜菜由于呼吸作用生热，使微生物大量繁殖而造成腐烂。

蔬菜的成熟度也是原料品质与加工适应性的标准之一。蔬菜的老嫩、口味、外形、色泽都与成熟度有关。选用成熟度适当的原料进行加工，产品的质量高，原料的消耗也低；成熟度不当，不仅影响制品的质量，同时会给加工带来困难。为了保证制品的质量，一定要严格掌握采收期，并注意适时加工。

对酸菜原料的选择，除有上述要求外，还应当尽量避免在采收和运输过程中的机械损伤，否则造成开放性伤口，会使蔬菜的呼吸强度增大，加速营养成分的消耗，致使大量微生物侵染菜体，蔬菜的脆嫩度下降，甚至会造成蔬菜腐烂变质。为尽量保持原料的新鲜完整，原料基地距工厂越近越好。

原料选择至关重要，只有满足上述要求的蔬菜品种才能加工生产出优质的酸菜产品。

（二）辅助原料

制作酸菜时常需添加一些佐料，如白酒、料酒、醪糟汁、红糖、白糖等。白酒、料酒和醪糟汁对入坛泡制的蔬菜可起辅助渗透盐味、保脆嫩和杀菌的作用。白糖、红糖则可起调和诸味、增添鲜味等作用。同时可以在酸菜盐水中加入一些香料以增香味、除异味、去腥味，如八角、排草、胡椒和花椒等。

（三）酸菜生产用水

酸菜的生产最好选用井水和泉水，因为其含矿物质较多的硬水，比较适合配制酸菜盐水，可保持酸菜成品的脆度，经处理后的软水不适合配制酸菜盐水。生产用水要求应符合 GB5749 的规定。

二、酸菜现代生产流程及技术参数

酸菜发酵过去主要依靠新鲜蔬菜表面的微生物进行自然发酵，而现在则是通过人为接入单一或混合乳酸菌直投式发酵剂纯种发酵，这不仅有利于产品的质量稳定，对于产品的规模化、标准化生产也有积极的推动作用。

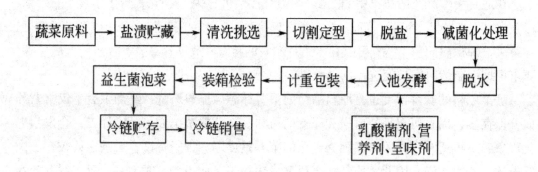

图 5-10　酸菜现代生产流程图

（二）技术参数

1. 原料清洗

原料清洗是规模化生产的第一步。目的在于减少原果胶纤维软化的酶（果胶酶）、尘土和杂菌的数量。采用浸渍法或喷淋法清洗均可。

2. 盐渍贮藏

（1）酸化盐水。利用预先配制好的浓盐水直接浸泡原料，其弊端在于较高的浓盐水虽抑制了其他杂菌的生长，但对酸菜的质量（如营养渗出过多，风味欠佳等）也有很大影响。在工业化生产中，将洗涤后的原料装入密闭罐中，注入浸渍盐水（6.6%~6.8%NaCl），并立即用冰醋酸或醋（平均浓度为 0.16% 醋酸）将盐水酸化到 pH2.8 左右，然后加盖密封。此条件可抑制洗涤后原料上残存的微生物继续繁殖与生长。

（2）补盐。由于蔬菜汁液的外掺和蔬菜本身对盐的吸收，会降低酸化盐水的浓度。采用加干盐提高盐浓度，可使盐水浓度平衡并保持在 5%~8%。

（3）缓冲。在抑制并控制了杂菌生长的情况下，酸化盐水腌制 24~36h 之后，可加入醋酸钠缓冲剂，使盐水 pH 调节到 4.6 左右。

以上原料的清洗、酸化盐水、补盐和缓冲工序是工业化生产酸菜的基础，是乳酸发酵能否正常进行的保障。

3. 脱盐

咸坯出池即进入脱盐阶段。脱盐有流水脱盐和机械（鼓气泡）脱盐两种，为节约用水和提高脱盐效率，现代化酸菜生产一般采用机械脱盐。根据蔬菜的品种和含盐量的多少决定脱盐水的用量和脱盐时间，脱盐时菜水比例是 1：（1~3），即水的用量是菜的 1~3 倍。根据脱盐的程度（或产品要求）决定换水次数和脱盐时间。

4. 泡制发酵

咸坯脱盐脱水后即可将蔬菜放入大型发酵罐进行泡制发酵，通过现代化发酵调控设备控制发酵过程以及发酵终止，即通常所说的二次发酵。泡制发酵的主要目的是赋予咸坯酸菜特殊的风味。

工业化生产酸菜的泡制发酵所用的盐水和调料配制与家庭和餐饮制作酸菜的配制方式相同，但盐的用量需依据不同产品含盐量和咸坯的含盐量而确定。直投式发酵剂接入量以发酵液中浓度达到 105CFU/mL 为标准。在 25~28℃下密闭发酵 10d 左右。接种量视泡制的蔬菜而定，一般接种母液的使用量为 1% 左右。发酵时，应控制厌氧条件。发酵时间和温度与原料品种有关，但是以产品达到适宜口感、酸度来确定发酵终点。发酵时间一般夏季 2~5d，冬季 5~15d。

5. 灭菌

直投式发酵剂泡制发酵的酸菜富含乳酸菌，包装后乳酸菌在货架期还会继续发酵，可能会导致产品酸度过高，影响口味，因此需要灭菌终止发酵。工业化生产酸菜关键的工序之一是灭菌，其可大大提高酸菜的货架期。灭菌一般采用巴氏灭菌，灭菌温度、时间等参数根据包装产品的重量规格等来确定。

（三）工业化生产中的关键技术

1. 减菌化处理技术

对生产车间进行减菌化处理，使原料在发酵之前的加工操作在低菌环境中进行，最大限度地减少产品的杂菌污染。通常在发酵之前，采用臭氧杀菌以及紫外线杀菌对原料进行杀菌处理，并且通过臭氧杀菌实现对生产车间及产品仓库（包括冷藏库）内空气的净化。可以在盐渍蔬菜脱盐之后注入臭氧水（2.0~7.0mg/L）浸泡蔬菜 60min 以上（一般细菌的致死率为 90%~99%）。此外，在前期处理如原料清洗过程中也可加入 2.0~3.0mg/L 臭氧水处理 1~3min，便可有效控制保存过程中的活菌数。

2. 现代发酵调控技术

大型发酵罐发酵，必须对发酵过程进行发酵参数控制与优化、参数检测与在线监控，通过制冷调控设备控制发酵过程以及发酵终止。

3. 冷链技术

发酵之后的产品由于乳酸菌活性较高，所以不宜采用热力杀菌方式。因此将产品在冷链条件下进行贮存、运输和销售，抑制乳酸菌发酵，保证产品质量。此技术对于发酵产品的质量保证具有重要作用，冷链条件能够抑制乳酸菌的进一步发酵，既保证产品风味，又延长其保质期。

第六章 微生物在药物与保健品中的应用

药物和保健品是人类战胜疾病和提高生活质量的重要物质资源。随着人口的急剧增长、环境的恶化和人类滥用药物，使得病原微生物的抗药性空前提高，原本有效的药物急剧变得低效甚至无效，并且无药可替。另一些原本已基本消灭的疾病近年又卷土重来。人类面对的疾病威胁、疾病种类都在日益增多，对许多疾病甚至一无所知，且无药可治。因此利用微生物及其产物提高人类的生存质量，减少疾病，开发微生物药物资源，用于各种疾病的治疗，对于推动人类社会的文明进步具有重大意义。

目前，国内外都在利用现代生物技术尤其是微生物技术，对已知的各种药物进行改造，以提高疗效或适应更为广泛的疾病治疗，或开发新的药物和保健品，扩大药物资源。2020 年，利用生物技术研制的新药达到 3000 种左右，全球生物技术市场将达到 30000 亿美元。我国在生产技术上与国外相比还存在一定差距，生物产业基本上还处于跟踪研究和仿制阶段，我国包括生物制药在内的医药企业，新品开发经费投入过少，而在国外，科研开发费用要占到销售总额的 10% 以上，有的国际跨国巨头用于此项的费用已经上升到 30%。

第一节　微生物药物的研究与开发

一、微生物药物研究的一般程序

（1）采集不同生态系统的土壤样品或其他可用于微生物分离的天然物质样品。

（2）以各种方法对采集到的土样等进行处理，并以各种分离培养基进行分离培养，尽可能多地分离各种不同属、种的微生物菌株。

（3）对分离得到的微生物用多种精心设计的培养基进行摇瓶培养，然后用酒精或丙酮对全发酵液进行萃取。

（4）采用各种精心设计的筛选模型对萃取培养液中存在的代谢产物进行初步筛选。

（5）对初筛有良好活性的微生物菌株的代谢产物进行提取。进行活性物质提取时，必须首先确定活性物质在发酵滤液中还是在菌体中。如果活性物质在滤液中，可根据对其溶解性和极性的研究结果，分别采用溶剂萃取法、离子交换树脂交换法、大孔树脂吸附法或层析法。倘若活性物质在菌体中，通常先用可与水混溶的溶剂溶出，再用溶剂萃取法或吸附法或层析法进行提取。

（6）提取的活性代谢产物经过二次筛选确认其活性后，先进行理化性质的研究，以排除已知物质。可进行早期鉴别或排重，通过与已知化合物比较层析谱、生物活性谱、显色反应、拮抗物质及其他基本理化和生物学性质来实现。

（7）使用精制的活性代谢产物进行全面的物理、化学、生物学、生物化学性质以及稳定性和化学结构的研究，确认有开发前途的新物质后申请专利。

（8）对产生新活性物质的菌株进行有效的保存，同时进行自然分离筛选和培养条件的研究，以期提高活性代谢产物的产率。

（9）用小至中型发酵罐对新活性物质产生菌进行扩大培养，再从中提取、精制获得一定数量的活性物质，可将其用于临床前动物药效学、毒理学、药动学、药代学等各项药理研究。

（10）对活性物质进行制剂研究，确定能发挥最大药效、产生最小毒副作用的剂型。

（11）总结理化性质、临床前药理及制剂研究数据，向政府药政管理部门申报临床，并开展Ⅰ～Ⅲ期临床试验，考察人体内药动学和药代学及其安全性和有效性，同时进行生产工艺的优化研究。

（12）总结临床试验数据，向政府药政管理部门报批新药生产许可。

（13）获得新药批准文号后进行试生产，同时考察临床副作用，即进行第Ⅳ期临床试验。

（14）总结第Ⅳ期临床试验数据，报批正式生产，进行市场开发。按照以上（2）~（5）的程序，从微生物的分离、培养、筛选到提取、精制和化学结构的确定，至少需要1年的时间，随后进行的动物药效学、毒理学、药物代谢动力学等临床药理研究，至少需要2～3年时间，以后的临床试验及报批，又需3～6年。因此，开发一个新药，至少需要8～10年时间。一般情况下，筛选10万株微生物可获得5～50个新化合物，但均不能保证这些新化合物有任何一个能通过药理和临床评价，成为新的药物。

二、微生物药物的筛选

筛选就是应用精心设计的各种模型，在浩如烟海的成千上万个微生物代谢产物中，将所需要的药理活性物质鉴别出来。一个好的筛选模型，要求能够简单、快速、灵敏、特异地检出所需要的活性物质，同时可以有效地排除已知化合物。所有的模型都必须满足能够进行高通量筛选的要求，也就是说要适合大规模筛选等，包括整体动物模型、动物组织模型、动物细胞模型、生物化学模型、化学模型、微生物学模型等。

β- 内酰胺抗生素的筛选　β- 内酰胺抗生素是化学结构中含有 β- 内酰胺环并具有抗细菌活性的一类天然和合成化合物的总称。由于这类抗生素特异性地抑制细菌细胞壁的生物合成，对无细胞壁构造的哺乳动物细胞几乎没有毒性，加上通过侧链的化学改造可以获得活性更高，或抗菌谱更广，或药动学性质更好，或对耐药菌有效的一系列衍生物，从而使人们对这一抗生素产生特殊的兴趣，迄今一直作为抗菌化疗的主力军发挥着重要作用。

其他抗细菌抗生素的筛选。一方面，β- 内酰胺抗生素容易发生过敏反应，使一些过敏体质的人不能使用；另一方面，对某些病原菌如分枝杆菌、支原体等的作用不强或者无效，而且细菌还容易对它们产生耐药性。因此有必要对其他类型的新抗生素也进行筛选研究，如氨基糖苷抗生素、大环内酯抗生素、安沙抗生素、糖肽类抗生素等。

新的抗细菌药物筛选靶。固醇和萜是生物细胞的重要构成成分。许多微生物、藻类细胞和植物叶绿体中存在着一种完全不同的生物合成途径，称为非甲羟戊酸途径。这一途径在除某些葡萄球菌、链球菌和肠球菌以外的几乎所有病原细菌中都存在，并对它们的生长至关重要，而动物中却不存在，因此它是一个绝好的筛选高效、无毒抗生素的作用靶子。

抗真菌抗生素的筛选。1939 年，A.E.Oxford 等发现了第一个抗真菌抗生素——灰黄霉素，它作用于真菌菌丝尖端的细胞壁，使其变形直至萎缩。以后相继发现了制霉菌素、两性霉素 B、匹马菌素等多烯类抗真菌抗生素，它们能与真菌细胞质膜中的固醇成分结合，从而破坏膜的功能，使细胞内的 K + 和氨基酸流出，从而造成细胞的死亡。但是现有的这些抗生素大多毒性较大（如肾毒性）和（或）生物利用度较低，因此筛选新的高效、低毒抗真菌抗生素已成为一项严峻而紧迫的任务。

另外还有抗病毒抗生素的筛选、抗癌抗生素的筛选、抗寄生虫抗生素的筛选、免疫调节剂的筛选、抗高血脂和高血糖物质的筛选、其他药理活性物质的筛选等。

三、微生物药物的安全性与有效性评价

（一）临床前评价

体外生物学活性。如对细菌、病毒、癌细胞、原虫、酶、受体等的活性和作用机制，以及 pH、血清、组织培养液等对活性的影响。

产成品的稳定性。原料药粉及制剂都要在规定的时间内考察对酸碱度、温度、湿度和光照的稳定性，以确定它的保存方法和保存期。

急性毒性。以不同剂量和不同给药途径对纯系小鼠或大鼠给药，在 7 ~ 14d 内观察并计算出使 50% 实验动物死亡的给药剂量，即 LD50。

亚急性毒性和长期毒性。以选定的临床给药途径和剂量对纯系大鼠、家兔和狗连续给药1个月（亚急性毒性）或3～6个月（长期毒性），并仔细观察给药期间实验动物的神态、摄食、活动等一般状态以及体重、摄食量、血和尿的各项化验指标、心电图、血压、呼吸等的变化及停药后的恢复情况，然后再根据情况分析药物对心、肝、肾、肺和造血功能的影响。

三致和特殊毒性。对实验动物细胞、脏器和组织有无致癌和致突变作用，对给药后的雌性动物生育的后代有无致畸作用。特殊毒性包括抗原性、听觉毒性、成瘾性等。

实验治疗。与有确切疗效的阳性对照药物比较治疗效果。

一般药理和药物代谢动力学。观测不同途径给药后血药浓度的变化，血药浓度高峰、达峰时间及高峰维持时间，与血浆蛋白的结合，在各脏器和组织中的分布及代谢，代谢产物及其生物学活性，排泄途径和速度等。

（二）临床评价和副作用考察

临床试验一般分三期进行：

Ⅰ期临床试验——着重考察在安全用药剂量下，药物在健康应试者体内的吸收、分布、代谢、排泄等药动学和药代学性质。

Ⅱ期临床试验——重点考察药物对主要适应证病例进行治疗的安全性和有效性，并研究最合适的给药方法和剂量，必要时可设安慰剂对照。

Ⅲ期临床试验——以同类有确切疗效的药物为阳性对照，随机分配，但病人和医生均不知情的所谓"双盲"试验，可排除人为的干扰和心理作用。

（1）化疗指数。是评价一种药物安全性和有效性的综合指标。

化疗指数＝药物最小有效剂量／药物最大耐受剂量。

化疗指数越低，药物的安全性和有效性就越好。

（2）对临床使用的微生物药物的一般要求：

1）化疗指数至少在0.3以下；

2）对特定的病原有选择性作用；

3）在体内容易和病原接触，且不易被血液、脓液、组织浸液、坏死组织等破坏；

4）用于全身给药时要求吸收确切，排泄较慢；

5）病原不易产生抗药性；

6）无致癌、致畸和其他重大毒性反应；

7）副反应不影响治疗，而且是可逆的，停药后即可恢复正常；

8）长期给药在体内没有积蓄，也无成瘾性。

四、药物在体内的基本过程

药物是指对机体产生某种生理生化影响，并在疾病诊断、预防和治疗方面有一定效果的物质。理论上讲，凡能影响机体器官生理功能或细胞代谢活动的物质都属药物。药物代谢动力学是研究药物在体内的浓度随时间发生变化规律的学科，也简称药代动力学或药动学。

（1）吸收：指药物从用药部位进入血液循环的过程。药物吸收的快慢或难易受药物理化性质、浓度、给药方式等因素影响。

（2）分布：指药物从全身循环转运到各器官、组织的过程。

（3）生物转化：药物在体内经化学变化生成更有利于排泄的代谢产物的过程。主要生物转化器官为肝脏。

（4）排泄：药物的原形或代谢产物通过各种途径从体内排出的过程。

第二节　抗生素

一、抗生素的来源

抗生素原称抗菌素，是细菌、真菌、放线菌等微生物的次级代谢产物。主要从微生物的培养液中提取，能杀死或抑制其他病原微生物。目前人们在生物体内发现的 6000 多种抗生素中，约 60% 来自放线菌。抗生素除从微生物的培养液中提取之外，随着化学合成的发展，现已有不少品种能够人工合成和半合成。头孢菌素类就是在天然提取物的基础上又加入不同的活性基团得到的。

二、抗菌谱

抗菌谱是指药物抑制或杀灭病原微生物的范围。抗菌谱是兽医临床选药的基础。根据引起发病的病原微生物的种类及敏感药物的不同，可选用不同抗菌作用的抗菌药物。抗菌药的抗菌谱分为窄谱抗菌药和广谱抗菌药。

窄谱抗菌药。凡仅作用于单一菌种或少数细菌的药物称窄谱抗菌药。例如，青霉素主要对革兰阳性细菌有作用；链霉素主要作用于革兰阴性细菌。

广谱抗菌药。凡能杀灭或抑制多种不同种类的细菌，抗菌谱的范围广泛，称之为广谱抗菌药。四环素类、氯霉素类、庆大霉素、广谱青霉素类、第三代头孢菌素、氟喹诺酮类等均属于广谱抗菌药。半合成的抗生素和人工合成的抗菌药多具有广谱作用。

三、抗菌活性

抗菌活性。就是指抗菌药抑制或杀灭病原微生物的能力。可用体外抑菌试验和体内试验治疗方法来测定抗菌活性。

最小抑菌浓度。能够抑制培养基内细菌生长的最低浓度称为最小抑菌浓度（MIC）。体外抑菌试验对临床用药具有重要的参考意义。

最小杀菌浓度。能够杀灭（使活菌总数减少99%或99.5%以上）培养基内细菌生长的最低浓度称为最小杀菌浓度（MBC）。抗菌药的抑菌作用和杀菌作用是相对的，有些抗菌药在低浓度时呈抑菌作用，而高浓度时呈杀菌作用。

抑菌药。临床上所指的抑菌药是指仅能抑制病原菌的生长繁殖，而并无杀灭作用的药物。如磺胺类、四环素类、氯霉素等。

杀菌药。是指具有杀灭病原菌作用的药物。如青霉素类、氨基糖苷类、氟喹诺酮类等。

四、抗生素的分类

（一）根据抗生素的生物来源分类

（1）放线菌产生的抗生素：如链霉素、四环素、红霉素等。

（2）真菌产生的抗生素：如青霉素、头孢霉素等。

（3）细菌产生的抗生素：如多黏菌素等。

（4）植物或动物产生的抗生素：如被子植物蒜中制得的蒜素以及从动物脏器中制得的鱼素等。

（二）按抗菌谱和应用分类

（1）主要作用于革兰阳性菌的抗生素：如青霉素类、头孢菌素类、大环内酯类、林可胺类、新生霉素、杆菌肽等。

（2）主要作用于革兰阴性菌的抗生素：如氨基糖苷类、多黏菌素类等。

（3）广谱抗生素：即对革兰阳性菌和革兰阴性菌等均有作用的抗生素，包括四环素类及氯霉素类等，它们可控制立克次氏体、衣原体和支原体之类互不相关的微生物。

（4）抗真菌抗生素：灰黄霉素、制霉菌素及两性霉素B等。

（5）抗寄生虫的抗生素：莫能菌素、盐霉素、马杜霉素、拉沙里菌素、伊维菌素、潮霉素B、越霉素A等。

（6）抗肿瘤的抗生素：如丝裂霉素C、柔红霉素、博来霉素、普卡霉素等。

（7）促生长抗生素：如黄霉素及维吉尼霉素等。

（三）根据化学结构分类

（1）β- 内酰胺类：如青霉素类（青霉素、氨苄西林、阿莫西林、苯唑西林等）和头孢菌素类等（头孢唑啉、头孢氨苄、头孢西丁、头孢噻呋等）。近年来发展了非典型 β-内酰胺类，如碳青霉烯类（亚胺培南）、单环 β- 内酰胺类（氨曲南）、β- 内酰胺酶抑制剂（克拉维酸和舒巴坦）及氧头孢烯类（拉氧头孢）等。

（2）氨基糖苷类：如链霉素、卡那霉素、庆大霉素、阿米卡星、新霉素、大观霉素、安普霉素、潮霉素、越霉素 A 等。

（3）四环素类：如土霉素、四环素、金霉素、多西环素、美他环素、米诺环素等。

（4）氯霉素类：如氯霉素、甲砜霉素、氟苯尼考等。

（5）大环内酯类：如红霉素、泰乐菌素、替米考星、吉他霉素、螺旋霉素、竹桃霉素等。

（6）林可胺类：如林可霉素以及克林霉素等。

（7）多肽类：如杆菌肽、多黏菌素 B、黏菌素、维吉尼霉素、硫肽菌素等。

（8）多烯类：如制霉菌素、两性霉素 B 等。

（9）含磷多糖类：如黄霉素、大碳霉素、喹北霉素等，但其主要用作饲料添加剂。

（10）抗寄生虫药：如大环内酯类的阿维菌素类抗生素和聚醚类（离子载体类）抗生素，如莫能菌素等，均属于抗寄生虫药。

（四）根据抗生素的作用机制分类

（1）抑制细胞壁合成的抗生素：如头孢霉素以及青霉素等。

（2）影响细胞膜功能的抗生素：如多烯类抗生素等。

（3）抑制病原菌蛋白质合成的抗生素：如四环素等。

（4）抑制核酸合成的抗生素：如丝裂霉素 C 等。

（5）抑制生物能作用的抗生素：如抗霉素等。

（五）根据抗生素的生物合成途径分类

（1）氨基酸以及肽类衍生物：如头孢霉素、青霉素等。

（2）糖类衍生物：如链霉素等。

（3）以乙酸、丙酸为单位的衍生物：如红霉素等。

五、抗生素的作用机理

抗生素主要通过影响病原微生物的结构和干扰其代谢过程而产生作用。

（一）抑制细菌细胞壁的合成

细胞壁的组成及功能。大多数细菌细胞（如革兰阳性菌）的胞浆膜（细胞膜，如同鸡蛋壳内的膜）外都有一层坚韧的细胞壁（如同鸡蛋壳），主要由黏肽组成，并且具有维持细胞形状及保持菌体内渗透压的功能。

作用机制。一些抗革兰阳性菌的抗生素，如青霉素、头孢菌素、万古霉素、杆菌肽和环丝氨酸等，能分别抑制黏肽合成过程中的不同环节。这些抗生素均可使细菌细胞壁缺损，而菌体内的高渗透压使细胞外面的水分不断地渗入菌体内，从而引起菌体膨胀变形，并且激活了自溶酶，使细菌裂解而死亡。

3. 应用范围

（1）抑制细菌细胞壁合成的抗生素对革兰阳性菌的作用强（因革兰阳性菌的细胞壁主要成分为黏肽，占胞壁重量的 65% ~ 95%；菌体胞质内的渗透压高，达 20 ~ 30Pa）。

（2）抑制细菌细胞壁合成的抗生素对革兰阴性菌的作用弱（因革兰阴性菌细胞壁的主要成分是磷脂，黏肽仅 1% ~ 10%；菌体胞质内的渗透压低，达 5 ~ 10Pa）。

（3）抑制细菌细胞壁合成的抗生素主要影响正在繁殖的细菌细胞，把这类抗生素称为繁殖期杀菌剂。

（二）增加细菌细胞膜的通透性

细胞膜的组成与功能。位于细胞壁内侧的细胞膜主要是由类脂质与蛋白质分了构成的半透膜，它的功能在于维持渗透屏障、运输营养物质和排泄菌体内的废弃物，并参与细胞壁的合成等。

作用机制。当细胞膜损伤时，通透性将增加，导致菌体内细胞质中的重要营养物质如核酸、氨基酸、酶、磷酸、电解质等外漏而死亡，从而产生杀菌作用。

应用。属于这种作用方式而呈现抗菌作用的抗生素有多肽类（如多黏菌素 B 和硫黏菌素）及多烯类（如两性霉素 B、制霉菌素等）。

（1）多黏菌素类：化学结构中含有带正电的游离氨基，与革兰阴性菌胞浆膜上磷脂带负电的磷酸根结合，使细胞膜受损。

（2）两性霉素 B 及制霉菌素：可与真菌细胞膜上的类固醇结合，使细胞膜受损；而细菌细胞膜不含类固醇，故对细菌无效。动物细胞的细胞膜上含有少量类固醇，长期或大剂量使用两性霉素 B 可出现溶血性贫血。

（三）抑制细菌蛋白质的合成

细菌蛋白质合成。细菌蛋白质合成场所在胞质的核糖体上。蛋白质的合成过程分三个阶段：即起始阶段、延长阶段和终止阶段。

作用机制。许多抗生素均可影响细菌蛋白质的合成，但作用部位及作用阶段不完全相同。有的与核蛋白体的不同部位结合，能够阻断蛋白质的合成，从而产生抑菌或杀菌作用。有的抗生素对细菌蛋白质合成的三个阶段都有作用，如氨基糖苷类；有的仅作用于延长阶段，如林可胺类。

对动物细胞蛋白质的影响。细菌细胞与哺乳动物细胞合成蛋白质的过程基本相同。两者最大的区别在于核糖体的结构及蛋白质、DNA 的组成不同，所以，抗生素对动物细胞的蛋白质合成影响较小，这也是抗生素对动物机体毒性小的主要原因。

（四）抑制细菌核酸的合成

1. 核酸的功能

核酸包括脱氧核糖核酸（DNA）和核糖核酸（RNA），核酸具有调控蛋白质合成的功能。

2. 作用机制

（1）新生霉素：主要影响 DNA 聚合酶的作用，从而影响 DNA 的合成（主要作用于革兰阳性菌）。

（2）灰黄霉素：阻止鸟嘌呤进入 DNA 分子中，从而阻碍 DNA 的合成。

（3）利福平：与 DNA 依赖的 RNA 聚合酶（转录酶）的亚单位结合，从而抑制 RNA 的转录（广谱抗生素，尤其对结核杆菌作用强）。

（4）抗肿瘤的抗生素：丝裂霉素 C、放线菌素等可抑制或阻碍细菌细胞 DNA 或 RNA 的合成。

六、细菌的耐药性

据世界卫生组织统计，世界有 5000 万人携带耐药菌。在美国，1995 已经有 90% 的金黄色葡萄球菌对青霉素和其他 β- 内酰胺类抗生素耐药。1989 — 1993 年，万古霉素耐药性肠球菌增长了近 20 倍。由于万古霉素是极少数能治疗多重耐药性金黄色葡萄球菌的抗生素之一，细菌对万古霉素的耐药将使得治疗由这些微生物导致的疾病面临严峻挑战。对于因肺炎链球菌导致的小儿肺炎的治疗，1941 年用青霉素 1 万 U／d 即可康复，目前用量增加为 2400 万 U／d，也难以避免部分患儿死亡。耐药性的产生不仅使疾病的治疗面临严重的威胁，在某种程度上也造成经济上的严重损失。细菌的耐药性首先来自那些能使药物失活的基因突变，如编码细菌 β- 内酰胺酶基因的单个碱基改变可以使耗费 1 亿美元所研究开发出来的药物变得分文不值。在过去的半个世纪，抗感染药物在治疗方面取得了成就，但巨大的药物选择压力也造成了微生物的耐药性特征，使得微生物对药物产生了快速的适应进化。这种适应进化的后果对我们当前的细菌性感染治疗是一个严重的威胁，也对今后抗感染药物的研究开发和使用管理提出了挑战。1992 年美国疾病控制中心（CDC）的资料表明，有 14000 例住院患者因耐药菌株的感染得不到控制而死亡，在英国每年死于耐药菌株的感染者超过 5000人，仿佛人类又重新回到了没有抗生素的时代，即后抗生素时代的到来似乎已不可避免。至今在临床上已有 200 多种的抗生素用于人类的抗感染治疗，在青霉素问世开始的 20 年间（1935 — 1955 年），抗生素的使用及水源卫生的改善，使人类平均寿命增加了 8 年。但几乎与抗生素的使用相伴随，细菌的耐药现象也随之出现了。细菌很容易获得耐药性，其原因是在自然界中很多细菌（包括不同菌种）均携带相同的编码耐药的基因。滥用抗生素不仅给病人造成经济上的损失，而且药物带来的不良反应会对病人的身心造成损害，更为重要的是细菌的耐药菌株增多，从而导致治疗失败。选药不当、疗程、剂量以及用药方式不当，均是导致抗生素治疗失败的原因。因此，人类必须重视合理应用抗生素。

1. 耐药性的概念

耐药性又名抗药性，是指病原体或肿瘤细胞对反复应用的化学治疗药物敏感性降低或消失的现象。

（1）天然耐药性：属于细菌的遗传特征，是不可改变的。例如：绿脓杆菌对大多数抗生素不敏感，极少数金黄色葡萄球菌也具有天然耐药性。

（2）获得耐药性：一般所指的耐药性，是指病原菌在多次接触化疗药后，产生了结构、生理及生化功能的改变，而形成具有抗药性的变异菌株，它们对药物的敏感性下降甚至消失。

（3）交叉耐药性：某种病原菌对一种药物产生耐药性后，往往对同一类的药物也具有耐药性，这种现象称为交叉耐药性。有完全交叉耐药性及部分交叉耐药性之分。

①完全交叉耐药性：是双向的，如多杀性巴氏杆菌对磺胺嘧啶产生耐药性后，对其他磺胺类药均产生耐药性。

②部分交叉耐药性：是单向的，如氨基糖苷类之间，对链霉素耐药的细菌，对庆大霉素、卡那霉素、新霉素仍然敏感；而对庆大霉素、卡那霉素、新霉素耐药的细菌，对链霉素也耐药。

2. 细菌产生耐药性的机理

（1）产生酶使药物失活：主要有水解酶和钝化酶两种，它们能使青霉素或头孢菌素断裂而使药物失效。

①钝化酶：作用于氨基糖苷类的氨基及氯霉素的羟基，使其乙酰化而失效。如乙酰化酶、磷酸化酶、核苷化酶将相应的化学基团结合到药物分子上使药物失活。

②磷酸转移酶及核苷转移酶：作用于羟基，使磷酰化及腺酰化从而失去抗菌活性。

（2）改变膜的通透性：细菌生物膜是指由附着于惰性或者活性实体表面的细菌细胞和包裹着细菌的水合性基质所组成的结构性细菌群落。它是细菌生长过程中为适应生存环境而在固体表面生长的一种与游走态细胞相对应的存在形式。只要条件允许，绝大多数细菌都可以形成生物膜。一旦形成了生物膜，细菌就具有极强的耐药性，在医疗、食品、工业、军事等诸多领域给人类社会带来严重的危害，还会给人类造成巨大的经济损失。因此，细菌生物膜已成为全球关注的重大难题，也是目前科学界研究的前沿和热点。细菌生物膜广泛存在于含水和潮湿的各种物体表面上，包括自来水管道、工业管道、通风设备、医疗器械甚至病理状态下的人体组织器官。据专家估计，几乎所有的细菌在一定的条件下都可以形成生物膜。生物膜中细菌的代谢活动除了能够腐蚀管道和金属表面外，更可导致动植物及人类疾病的发生。由于细菌在生物膜状态有着比游走态高出千百倍的抗药性，使得生物膜在临床更易引发难治性慢性感染，将会严重威胁人类健康。一些革兰阴性菌对四环素类及氨基糖苷类产生耐药性，是由于耐药菌在所带的质粒诱导下产生三种新的蛋白，阻塞了外膜亲水性通道，药物不能进入而形成耐药性。革兰阴性菌及绿脓杆菌细胞外膜亲水通道功能的改变也会使细菌对某些广谱青霉素和第三代头孢菌素产生耐药性。

虽然科学家们早在几个世纪以前就知道细菌可以在固体表面形成一层膜状结构，但对于细菌生物膜或者说生物膜组织概念的形成及相关研究也只是在近30年来才有了重大的突破。从近十年来所检索到的细菌生物膜相关文献及专利数量的大幅提高可以看出，现在对细菌生物膜的关注程度更是达到了前所未有的高度，并仍有上升趋势。

细菌生物膜是细菌自身分泌的胞外多糖与菌体粘连而成的结构群体。生物膜赋予了细菌许多新的生物学性状，它通过黏附、定量、抗吞噬和对环境的高耐受性而凸显其在医学中的重要意义。因其对常用抗生素都不敏感，故寻找控制细菌生物膜的有效措施已成为当务之急。研究表明，噬菌体能产生多糖水解酶，可以降解细菌胞外多糖，从而有可能成为破坏细菌生物膜的"酶学消毒剂"。

（3）作用靶位结构的改变：耐药菌药物作用点的结构或位置发生变化，使药物与细菌不能结合而丧失抗菌效能。例如，β- 内酰胺类抗生素的作用靶位是青霉素结合蛋白，β- 内酰胺类抗生素耐药菌株体内的青霉素结合蛋白的质和量发生改变，导致与药物的结合能力下降；链霉素耐药菌株，主要是细菌核蛋白体上的链霉素受体发生构型改变，从而使药物不能与菌体结合而失效。

（4）改变代谢途径：

①增强与药物的竞争力：磺胺药通过与对氨基苯甲酸竞争二氢蝶酸合成酶而产生抑菌作用。金黄色葡萄球菌多次接触磺胺药后，其自身的对氨基苯甲酸产量增加，可

高达原敏感菌产量的 20 ~ 100 倍。对氨基苯甲酸与磺胺药竞争二氢蝶酸合成酶，使磺胺药的作用下降甚至消失。

②增强药物的排泄：对四环素类耐药的细菌在细胞膜上可产生"四环素泵"，把菌体内的药物泵出细胞外；喹诺酮类耐药的细菌细胞膜上也存在外排系统，能将药物从菌体内排出。

第三节　微生物多糖

多糖是一种天然大分子化合物，主要来源于动物、植物及微生物，在海藻、真菌及高等植物中尤为丰富。它是由醛糖和（或）酮糖通过糖苷键连接成的聚合物，作为有机体必不可少的成分，同维持生命体机能密切相关，并且具有多种多样的生物学功能。近些年，对多糖的研究逐步活跃起来，其中，一些分子量在几千以上、具有很强生物学活性的多糖研究日益受到重视。它们的生理活性、化学结构以及构效关系成为多糖研究的前沿课题，并取得了很大的进展。根据多糖在微生物细胞内的位置，可分为胞内多糖、胞壁多糖和胞外多糖。其中胞外多糖是由微生物大量产生的多糖，易与菌体分离，可通过深层发酵实现工业化生产，从而受到广泛关注。一般微生物多糖是以淀粉水解为碳源发酵生产的，但也可直接利用可溶性淀粉经微生物酶作用制得。

据 D.E.Eveleigh 统计，目前已经发现 49 属 76 种微生物产生胞外多糖，但真正有应用价值并已进行或接近工业化生产的仅十几种。近几年，随着对微生物多糖研究的深入，世界上微生物多糖产量的年增长量均在 10% 以上，而一些新型多糖年增长量在 30% 以上。到目前为止，已大量投产的微生物多糖主要有黄原胶（酸性胞外杂多糖，五糖重复单元，食品添加剂）、结冷胶、右旋糖酐、小核菌葡聚糖、短梗霉多糖、热凝胶多糖等。近年来又兴起对一些新型微生物多糖如海藻糖、透明质酸、壳聚糖等的研究。微生物多糖具有植物多糖不具备的优良性质，它们生产周期短，而且不受季节、地域和病虫害条件的限制，具有较强的市场竞争力和广阔的发展前景。微生物多糖有着独特的药物疗效和理化特性，使其成为新药物的重要来源，并被作为稳定剂、胶凝剂、增稠剂、成膜剂、乳化剂、悬浮剂和润滑剂等广泛应用于石油、化工、食品和制药等各个行业。据估计，全世界微生物多糖年加工产值可达 50 亿 ~ 100 亿美元。

一、真菌多糖

真菌多糖分结构多糖和活性多糖。真菌细胞壁中含有一种称为几丁质的物质，这是一类聚氨基葡萄糖，属于结构多糖。另一类多糖是由真菌菌丝体产生的一类次生代谢产物，一般认为是真菌贮存能量的载体之一。由于其具有某些独特的生理功能，因而这一类多糖也称为活性多糖。活性多糖可分为纯多糖（由单糖构成）和杂多糖（多糖链和肽链或酯连接）两种。

真菌多糖的研究始于20世纪50年代，而真菌多糖作为广谱免疫促进剂引起人们极大兴趣则是在20世纪60年代后。研究表明，多糖不但能治疗机体因免疫系统受到严重损伤而出现的癌症和多种免疫缺损疾病，还能诱导干扰素的产生，而且多糖作为药物，对体细胞的毒性极小。治疗肿瘤时，它不像一般化疗药物那样直接杀死生长着的肿瘤细胞而是促进细胞和体液产生免疫，如激活巨噬细胞、T细胞和B细胞来加强抗体生成及激活补体等，以达到抑制和消灭肿瘤细胞的效果。如猴头菌多糖能够改善胃功能和对十二指肠溃疡有疗效；银耳多糖可改善免疫功能，升高白细胞；猪苓多糖能够增强细胞免疫功能；灵芝多糖有治疗神经衰弱和延缓衰老的作用，以及增强免疫功能等；香菇多糖是T细胞激活剂，是一种很好的抗肿瘤药物；黑木耳具有润肺和消化纤维素的功用。食用菌多糖被称为"生物应答效应物"，是一种能够增强人体免疫功能的生物活性物质，对于遗传性的疾病具有一定的治疗效果。食用菌多糖可分为四类：杂多糖、甘露聚糖、葡聚糖、糖蛋白和多糖肽。多糖的组成和分子量因食用菌种类而不同，其有效成分的作用及营养价值也不同。

食用菌所含的生物活性化合物归纳为以下几方面：

（一）抗生素

现知很多食用菌都能产生抗生素，供开发利用的前途十分广阔。已知食用菌产生的抗生素有60多种，它们能抑制多种革兰阳性细菌、革兰阴性细菌、分枝杆菌、噬菌体和丝状真菌等。例如蜜环菌甲素和乙素，其实是假蜜环菌的一种代谢产物，具有消炎、退黄疸和降低谷氨酸转氨酶（GPT）的作用，对胆囊炎、急慢性和迁延性肝炎也都有一定疗效。现已用假蜜环菌生产了"亮菌片"和"亮菌糖浆"等药物。水粉蕈素（又称杯伞菌素或雷蘑素）是烟云杯伞产生的一种抗生素，为含氮杂环类（嘌呤类）化合物。它能强烈抑制分枝杆菌和噬菌体的增生。马勃素是大秃马勃菌产生的一种抗生素，对金黄色葡萄球菌、炭疽杆菌、伤寒沙门氏杆菌等都有一定的拮抗活性。

（二）抗肿瘤活性物质

近年来，抗肿瘤药物的研究和筛选工作发现食用菌具有抑制肿瘤作用，其机理主要是食用菌含有的一些代谢产物如多糖、多肽类或糖类的化合物等，有抗肿瘤活性。这些具有抗肿瘤活性的物质，多数是从食用菌的子实体浸出液中提取出来的，有一些是从深层发酵的菌丝体中得到的。食用菌所含的多糖种类很多，且多糖毒性小，对小白鼠肉瘤S-180等均有较强的抑制作用。

（三）干扰素诱导物

食用菌代谢产物中存在干扰素诱导物，是从常吃香菇的人能抵抗感冒病毒这一事实得到启示的。香菇中提取出来的双链 RNA 是一种干扰素的诱导剂，有抑制病毒增殖和抗癌的作用。双链 RNA 不仅在香菇的籽实体内存在，也存在于菌丝体、孢子中，还存在于金针菇、牛肝菌、摩尔根环柄菇、美味绿褶菌、美味牛肝菌、野蘑菇中。这些食用菌的提取液中有抑制流感病毒增殖的活性成分。虽然不同的食用菌所产生的作用相似，但也有一些差异，如双孢蘑菇中的双链 RNA 比较耐热，加热后仍有一定的抗病毒能力；而香菇中的双链 RNA 则不耐热，加热后易失效，所以强调低温提取。此外，双链 RNA 对植物病毒也有灭活作用。据报道，对烟草、黄瓜花叶病毒的抑制率竟达 80％和 95％以上，甚至食用菌的深层发酵液及固体培养物的水浸出液对植物病毒，如对烟草花叶病毒有阻抑效果。

（四）降低胆固醇物质

多数食用菌都有降低血压、防止动脉粥样硬化等作用，这是由于在食用菌的代谢产物中普遍存在着降低胆固醇的有效成分。如蘑菇子实体中含有酪氨酸酶；香菇中含香菇素；草菇和金针菇中含毒心蛋白；长根菇中分离出来的长根素（长根菇酮），这些均具有降低血压的作用；平菇中微量的牛磺酸对脂类吸收、胆固醇溶解起着重要的作用；黑木耳所含的腺苷对动脉粥样硬化的发生具有预防作用；银耳的酸性异多糖等都可用于治疗高血压、高脂血症。

二、其他多糖

（一）短梗霉多糖

短梗霉多糖中文译为普鲁兰多糖、普聚多糖或茁霉多糖。它是出芽短梗霉菌体分泌的一种黏性多糖。短梗霉多糖具有极佳的成膜性、成纤维性、阻氧性、可塑性、黏结性及易自然降解等独特的理化和生物学特性，并且无毒无害，对人体无任何副作用，因此被广泛用于医药制造、食品包装、水果和海产品保鲜、化妆品工业、烟草制造工业和农业种子保护以及工业废水处理等众多领域，是一种有极大开发价值和前景的多功能新型生物制品。

多糖的结构单元为 α-1，4 麦芽三糖。短梗霉多糖是葡萄糖按 α-1，4 糖苷键结合成麦芽三糖，两端再以 α-1，6 糖苷键位另外的麦芽三糖结合，如此反复连接而成高分子多糖。聚合度为 100～5000，其分子量因产生菌种和发酵条件的不同而有较大的变化，形成的中性大分子聚合物分子量一般在 104～106 的范围内。短梗霉多糖是无色、无味、无臭的高分子物质，非晶体的白色粉末，是非离子性、非还原性多糖；极易溶于水，水溶液呈中性，且不溶于油脂、醇类、丙酮、醚和氯仿等有机溶剂；可与水溶性高分子如羧甲基纤维素、海藻酸钠和淀粉等互溶。但其经酯化或醚化，理化性质将随之改变，根据置换度不同，可分别溶于水和丙酮、氯仿、乙醇及乙酸乙酯等有机溶剂。短梗霉属真菌生长在植物材料及土壤中，经常能和酵母一起被分离出来。因为这类真菌与酵母关系密切，一般通称为"类酵母真菌"。由于其遗传上的不稳定性，形成许多变种，菌落最初黏稠，呈白色，但是很快转变为淡绿色，最终为黑色。菌落质地由黏稠状到坚硬和革状，菌落边缘呈明显的根状。无性繁殖方式多样，主要表现为类似于酵母菌的多边芽殖形式到形成明显的真菌丝，常具有节孢子、厚垣孢子、芽分生孢子，幼龄营养细胞椭圆形至柠檬形。出芽短梗霉在其生活史中具有酵母样和真菌菌丝体两种形态，这两种形态的形成受培养基成分、培养条件等各种因素的影响。在众多因素中，菌株的可变性则是最重要的因素。目前出芽短梗霉菌种的选育，主要解决短梗霉发酵中的两个问题：一是降低短梗霉菌在发酵过程中黑色素的产率；二是对形态呈酵母样的出芽短梗霉进行选育，因为出芽短梗霉在发酵过程中只有形态呈酵母样时，才能分泌大量的短梗霉多糖。

（二）海藻糖

海藻糖是一种稳定的非还原性双糖，由两个吡喃环葡萄糖分子与 1，1- 糖苷键连接而成。海藻糖最初是从生活在沙漠中的一种甲虫蛹里分离得到的，后来发现它广泛存在于低等植物、藻类、细菌、真菌、昆虫及无脊椎动物中，既是一种贮藏性糖类，又是应激代谢的重要产物。海藻糖不仅以游离糖形式存在，还作为各种糖脂的组成部分。海藻糖是由特殊双糖分子构成的非还原性糖，性质非常稳定，能够在高温、高寒以及干燥失水等恶劣的条件下在细胞表面形成特殊的保护膜，可有效地保护生物分子结构不被破坏，从而维持生命体的生命过程和生物特征。Nature 杂志在 2000 年 7 月出版的刊物中发表了评价海藻糖的专论，文中提到，"对许多生命体而言，海藻糖的有与无意味着生存或者死亡"，而自然界中如蔗糖、葡萄糖等其他糖类均不具备这一功能。海藻糖对生命的保护有着深刻的意义，科学家们称之为"生命之糖"，并预言其将在人类保健、美容及化妆品等很多领域有着非常广泛的用途。

海藻糖作为全天然、多功能的生物活性添加剂，具有极强的保湿作用和多方面的生理功效。因此，海藻糖及其硫酸衍生物可以作为化妆品的保湿剂、稳定剂和品质改良剂等，其脂肪酸衍生物还是优良的表面活性剂。20 世纪 90 年代后，海藻糖的生物学特性被人们逐渐认识和利用，随着生物技术、化妆品技术的进步，海藻糖在皮肤的抗衰老、抗疲劳、补充能量、伤口修复、防晒、晒后修复中的应用将会产生突破性的进展。大量研究表明：当生物细胞处于饥饿、干燥、高温、高渗透压及有毒试剂等胁迫环境时，细胞质内海藻糖可以迅速积累，对生物体膜、蛋白质发挥保护功效。最近报道，海藻糖还能保护 DNA 防止射线引起的损伤。外源性的海藻糖，对生物体和生物大分子同样具有良好的非特异性保护作用。在海藻糖存在的条件下，对保存条件苛刻的基因工程酶类、各种病毒、疫苗、抗体和重组人蛋白的干燥及复水后的功能进行了研究，发现它们仍具有极好的稳定性和活性。随着对海藻糖生产技术与工艺的改进与创新，它将日益广泛地应用于食品、医药等许多领域内。在食品中，可作为改善食品质量和风味的食品添加剂与甜味剂，如用于炒鸡蛋、果泥、活性干酵母等。最近英国推出利用海藻糖保存食品的新技术，并且已获得英国农业、渔业、粮食部门正式批准而使用。同时其应用还可扩展到奶粉、果汁饮料、冷冻浓缩果汁、蔬菜汁、风味调料等多方面。它能保持食品原有的色泽、风味、质地、营养成分等。在医学和保健品方面，海藻糖可干燥保存一些对温度等环境条件敏感的核酸以及蛋白质类，还可作为活菌制剂的干燥保护剂，作为进行皮肤、器官活体保存的介质。总之，多功能的海藻糖通过微生物发酵法大量生产具有潜在的优势，通过进一步研究，必将会发现更多的应用途径。

（三）透明质酸

透明质酸（HA）又称玻璃酸，是一种酸性黏多糖，广泛存在于生物的结缔组织中。早期 HA 主要从人脐带和鸡冠中提取制备，现已发展到采用微生物发酵法制备透明质酸，为 HA 的来源又寻找了另一条途径。由于 HA 价格高、用途广，多年来对 HA 的研究一直备受学者们的关注。HA 以其独特的分子结构和理化性质，在有机体内显示多种重要的生理功能。HA 具有润滑关节，调节血管壁通透性，调节水、蛋白质、电解质的扩散及运转，促进创伤愈合等作用。20 世纪 90 年代初已有 HA 制剂作为新药上市，生产方法由提取法发展到微生物发酵法。在国外，日本对此研究较集中。日本资生堂首先开始工业化生产水平的 HA 发酵研究。目前 HA 的发酵水平已从 2 ～ 4g ／ L 提高到 6 ～ 7g ／ L，价格则下降了约 50%。HA 发酵所用菌种多是链球菌属中致病性较弱的 C 菌群，经紫外线照射或诱变剂处理的发酵产率较高的诱变菌种应用于生产中。发酵生产 HA 分两步：①由细菌经相应的生物反应过程生物合成 HA；②提取纯化 HA。一般工艺流程为：试管菌种接入三角瓶中 37℃摇瓶培养 12 ～ 18h，接入已灭菌的种子罐，接种比例 1：200，培养 12 ～ 18h，镜检合格（菌体生长良好，无杂菌）接入发酵罐，接种比例 1：10，发酵过程中检测各参数。发酵结束后，杀灭除去菌体，用乙醇、氯代十六烷基吡啶沉淀、超滤以分离纯化，有机溶剂沉淀，真空干燥的白色纤维状或粉末状为终产品。此发酵过程的决定因素在于菌种、培养基及分离提纯工艺。据日本专利报道，用 NTG（N- 甲基 -N- 硝基 -N- 亚硝基胍）两步诱变受益链球菌得 HA 酶缺陷型变异株 Y-921，其 HA 产率高达 6.7g ／ L。工业化发酵生产 HA 给它的应用带来了广阔的发展前景，大量低廉的 HA 将在多领域得到广泛应用。如 HA 具特殊的保水作用，被誉为"理想的天然保湿因子"，它可改善皮肤营养代谢，使皮肤柔嫩、光滑、去皱，增加弹性，还可防止衰老，含 HA 的化妆品被国际上公认为"仿生化妆品""第四代化妆品"。HA 还具较强的黏度，用于临床医学，可促进组织再生重塑和伤口愈合。此外，HA 还具有生物黏附性、生物相溶性以及生物降解性的特点，可作良好的药物载体，如透皮吸收剂；在皮肤外用药剂中作载体使用，能缓释药物并有利于药物的透皮能力，有利于皮肤对药物的吸收。如日本的一项专利"皮肤外用剂组成物"，我国山东某制药公司生产的滴眼液，都是利用 HA 这一特性的应用实例。

（四）黄原胶

黄原胶又名汉生胶、黄胶，是由野油菜黄单胞杆菌以碳水化合物为主要原料再经发酵产生的一种作用广泛的微生物胞外多糖。1961 年它首先由美国公司投入工业化生产，1969 年美国食品与药物管理局（FDA）批准可将其作为食品添加剂，1981 年联合国粮农组织和世界卫生组织（FAO ／ WHO）所属食品添加剂专家委员会正式批准其作为食品添加剂。黄原胶是一种类白色或浅米黄色粉末，是目前国际上集增稠、悬浮、乳化、稳定于一体的性能最优越的生物胶。它具有独特的性质，如在极宽的剪切率和浓度范围内保持极高的假塑性；在热水和冷水中有良好的溶解性；增黏性和悬浮力强，在低浓度下具有较高黏度；有很高的稳定性，耐酸碱、高盐环境；抗高温、低温冷冻；抗生物酶解；抗污染力强；可同多种物质（酸、碱、盐、表面活性剂、生物胶等）互配，具满意的兼容性；有良好的分散作用、乳化稳定作用。世界上生产黄原胶的国家和地区有 10 余个。我国自 20 世纪 70 年代末黄原胶工业也从无到有，迅速发展起来。目前黄原胶的生产主要以淀粉、淀粉水解糖浆为底物，由黄单胞杆菌发酵制得。黄原胶广泛应用于食品、医药、日化、石油等 20 余个行业，有 30 ~ 40 个品种。近 30 年来，对黄原胶的需求量年均增长 5.7%，它已成为世界上生产规模最大、用途较广的微生物多糖。

（五）结冷胶

结冷胶是由伊乐藻假单胞杆菌在中性条件下，以葡萄糖为碳源、以硝酸钠为氮源，在一些无机盐所组成的培养基中，进行有氧发酵而产生的细胞外多糖胶质。天然结冷胶为阴离子型线性多糖，具有平行的双螺旋结构。每一基本单元是由 β-1，3- D - 葡萄糖、β-1，4- D - 葡萄糖酸和 α-1，4- L - 鼠李糖按 2 ∶ 1 ∶ 1（摩尔比）组成。这些单体形成线形四糖聚体单位，并含有甘油酰基和乙酰基，相对分子质量为 5×10^5 Da。结冷胶是近年来最有发展前景的微生物多糖之一。它于 1978 年由美国生产制造，1992 年获 FDA 权威性认证，成为继黄原胶之后又一种在食品中应用的微生物胞外多糖。现在除美国外，还有其他十几个国家批准其作为食品添加剂。我国于 1996 年批准其作为食品增稠剂以及稳定剂使用，可在各类食品中按正常生产需要量使用。结冷胶性能优良，具良好的假塑性和流变性，其水溶液的黏度随剪切速率的增加而明显降低；在极低浓度下，无须加热或稍加热即可形成凝胶；与其他食品胶有较好的相溶性；具有极好的风味释放性，赋予食品优越的呈味性能；具有极好的热稳定性和耐酸、碱、酶性；硬度、弹性和脆性易调节。

（六）热凝胶

热凝胶又称凝胶多糖或者凝结多糖。1964 年从土壤中分离出一株自发变异菌，它能产生一种不溶于水的胞外多糖，由 D- 葡萄糖残基经 β- 葡萄糖苷键在 C1 和 C2 连接形成的 β-1，3- 葡聚糖，相对分子质量为 44000 ~ 80000Da，聚合度为 400 ~ 500。这种多糖在加热条件下形成凝胶，故将其命名为热凝胶。1996 年，美国 FDA 批准其用于食品中，1999 年，我国把热凝胶的发展也作为食品添加剂开发的重点。干燥的热凝胶是一种流动性极好的无臭、无味的白色或灰白色粉末状固体，其悬浮液在一定条件下（如 Ca^{2+} 存在，特定 pH 等）经加热可形成无色、无味的凝胶，这种凝胶不同于一般的胶凝剂，它在加热至不同温度时可形成性质完全不同的凝胶：低固定胶和高固定胶，形成的高固定胶结构结实并具高弹性。食品工业中主要用高固定胶。热凝胶具有抗冻融性，在冷冻后，经解冻处理凝胶强度变化不大；具有良好的抗脱水性；成胶的 pH 范围大，它在 pH 3 ~ 9.5 加热都能形成高固定胶；还具良好的成膜性以及持水性，它还能将水分子包容在其独特的网络状结构中。

（七）壳聚糖

壳聚糖别名可溶性甲壳质、壳多糖、脱乙酰甲壳素等，学名为 β-（1，4）聚 -2- 氨基 -D- 葡萄糖，是一种高分子阳离子多聚糖，呈白色或灰白色、无定形、半透明，略有珍珠光泽，在自然界中的含量十分丰富，最初是由节肢动物的外壳提取的，是甲壳素脱去 55% 以上的乙酰基的衍生物。甲壳素是自然界除蛋白质外数量最大的含氮天然有机高分子，在自然界的产量仅次于纤维素，是地球上第二大可再生自然资源，每年生物合成量约为 100 亿吨，其中海洋生物的生成量为 10 亿吨以上，属于无毒、无污染的动物源激素物质。壳聚糖分子因为有氨基存在，所以可带正电荷，而一般的活性污泥带有负电荷，因而壳聚糖可使带电污泥胶凝沉淀。又因为壳聚糖分子中的氨基和羟基可与 Cu2+、Hg2+、Ag+、Au3+ 等重金属离子形成稳定的螯合物而沉降，从而可有效地处理工业废水中的重金属，既避免了污染，又回收了资源。

据报道，利用壳聚糖进行铜的回收已经形成工业化生产。壳聚糖发酵水平达 15.3g ／ L，提取收率达 81%，壳聚糖脱乙酰度大于 80%，此技术具有很好的推广应用前景。壳聚糖是一种带正电荷的天然高分子多糖，这可能是该物质生物学功能的基础，现已表明壳聚糖已在医药、食品化工、生物技术、农业以及环保等领域有着良好的应用性能。在医药方面，壳聚糖可用作杀虫抑菌剂、医用纤维和膜、药物载体及凝血剂等。食品工业中利用其絮凝特性作液体处理剂，又以其无毒性及成膜性广泛用作食品添加剂和用于果蔬保鲜上。在溶液中壳聚糖与带负电荷的蛋白质、纤维素、果胶和悬浮微粒等有很强的凝聚作用，使引起浑浊的蛋白质、果胶等胶态颗粒被絮凝沉淀下来而达到澄清的目的。在生物技术方面，由于壳聚糖不存在残存单体，它可作为酶载体。此外，壳聚糖也可用于细胞微囊和冷冻保存细胞的载体。在农业方面被认为是一种新型植物生长调节剂、土壤改良剂、植物病害诱抗剂、种衣剂，可以用作生防农药，对抗病诱导、杀菌杀虫、抵御逆境、种子包衣、果蔬保鲜、农药增效、土壤改良、地膜降解、促进生长、提高产量以及改善品质等具有重要的作用，而且已经在小麦、玉米、水稻、大豆、马铃薯、黄瓜、番茄、芹菜、青椒、白菜、香蕉、杧果、苹果、梨、草莓等多种作物上得到了验证，显示出了广阔的应用前景。很早以前国外就开始壳聚糖的开发及应用研究，日本对其研究较早。我国此项研究始于 20 世纪 80 年代，90 年代才开始活跃起来，现又成为热门课题之一。壳聚糖是甲壳素经脱乙酰化处理后的产物，是由 N- 乙酰氨基葡萄糖通过 β-1，4- 糖苷键连接起来的不分枝的链状高分子化合物，其理化性质主要取决于乙酰化率和聚合度。壳聚糖具有良好的生物相容性、可生物降解性、无毒、无副作用，且其分子内含有—OH 和—NH2 活性基团，易与多种有机物发生反应。壳聚糖制备方法以碱液法为最常用的方法，其工艺流程为：虾、蟹壳→用稀碱溶液更替浸泡→水洗→酸浸泡至无气泡产生→漂白→浓碱煮沸 3 ～ 4h →干燥→成品。目前工业生产壳聚糖以提取法为主，但由于真菌等微生物具有壳聚糖的潜在资源，近年来人们开始了其发酵法生产的研究。以黑曲霉为发酵菌株，将培养成熟的发酵液过滤、水洗、干燥，提取成品。

除了上述微生物多糖外，还有环糊精、右旋糖酐、D- 核糖、小核菌葡聚糖等微生物多糖可通过微生物直接或间接利用淀粉发酵制得。这些多糖中部分已实现工业化大量生产并广泛应用，部分仍处于试验阶段，但都展示出诱人的发展前景。例如，D-核糖既可直接用于医药产品，又是维生素 B2 的生产原料，只要合成方法稍加改进，其生产成本会明显低于现有的任何生产方法，是一个很有前途的产品。

三、微生物多糖的生产

多糖广泛存在于动物细胞膜、植物和微生物的细胞壁中，是构成生命的四大基本物质之一，并且具有多种生物活性。多糖作为药物始于 1943 年，而 20 世纪 50 年代末对真菌多糖抗癌效果的发现使人们开始了多糖的系列化研究，日本从 60 年代起开始对担子菌多糖的药物活性研究，并开发出了一些有名的药物。我国对多糖的研究开始于 70 年代，研究发展很快，形成了空前迅速发展的趋势。

酸碱提取易破坏多糖的立体结构及活性，多糖提取后，其中还含有许多杂质要除去，一般首先利用多糖难溶于有机溶剂的特性，用乙醇或丙酮进行反复沉淀洗涤，除去一部分醇溶性杂质，再用三氯乙酸法脱游离蛋白质。小分子杂质的除去可以用透析法。胞外多糖的生物合成可归纳为三个主要步骤：①底物摄取；②多糖在胞内合成；③合成的多糖从细胞内排出。

第四节　微生物的其他药理活性

一、微生物免疫制剂

免疫防治是通过免疫方法使动物具有针对某种传染病的特异性抵抗力。机体获得特异性免疫力的途径有多种，主要分为天然获得性免疫和人工获得性免疫两大类型。人工获得性免疫又分为人工自动免疫和人工被动免疫两种。

（一）人工自动免疫制剂

人工自动免疫制剂是专用于免疫预防的制剂，主要针对各种疫苗。

1. 活苗

有强毒苗、弱毒苗和异源苗三种。虽然弱毒苗的毒力已经减弱，但仍保持原有的抗原性，并能在体内繁殖，所以较小的剂量即可诱导产生较强的免疫力。异源苗是具有共同保护性抗原的不同种病毒制备成的疫苗。

2. 死苗

病原微生物经理化方法灭活后，保留了免疫原性，接种后可使动物产生特异性抵抗力，这种疫苗称为死苗或灭活苗，优点是研制周期短，使用安全和易于保存，缺点是使用接种剂量较大，免疫期较短，需加入适当的佐剂以增强免疫效果。

3. 代谢产物和亚单位疫苗

细菌的代谢产物如毒素、酶等都可制成疫苗，破伤风毒素、白喉毒素、肉毒毒素经甲醛灭活后制成的类毒素，有很好的免疫原性，可做成主动免疫制剂。亚单位疫苗是将病毒的衣壳蛋白与核酸分开，除去核酸，用提纯的蛋白质衣壳制成的疫苗。如狂犬病等亚单位疫苗。

4. 生物技术疫苗

（1）基因工程亚单位疫苗：用重组技术将编码原微生物的保护性抗原基因转入受体菌或细胞，使其在受体细胞中高效表达，并分泌保护性抗原肽链后，提取保护性抗原肽链，最后再加入佐剂制成基因工程亚单位疫苗。

（2）合成肽疫苗：用人工合成的肽抗原与适当载体合作及配合而成的疫苗。如乙型肝炎表面抗原的各种合成类似物即可制成该种疫苗。

（3）基因工程疫苗：包括基因缺失疫苗和活载体疫苗两类。基因缺失疫苗是指用基因工程技术将弱毒株毒力相关基因切除后构建的疫苗。该疫苗安全性好，免疫力坚实，免疫期长，诱导产生黏膜免疫力，是较理想的疫苗。活载体疫苗是用基因工程技术将保护性抗原的目的基因转移到载体中使之表达的活疫苗。

（二）人工被动免疫制剂

将免疫血清或自然发病康复后的动物血清人工输入未免疫的动物，使其获得对某种病原的抵抗力，这种免疫接种方法称为人工被动免疫。人工被动免疫制剂是专用于免疫治疗的免疫制剂，可分为特异性与非特异性免疫治疗剂两大类。

1. 特异性免疫治疗剂

能增强、促进和调节免疫功能的非特异性生物制品称为免疫调节剂。它在治疗免疫功能低下、某些继发性免疫缺陷症和某些恶性肿瘤等情况下，具有一定的作用，但是对免疫功能正常的人一般不起作用。主要有转移因子、干扰素、胸腺素、卡介苗、小棒杆菌以及杀伤性 T 细胞等。根据免疫调节物的作用可分为免疫增强剂和免疫抑制剂两类。免疫增强剂有溶链菌菌体、香菇多糖、云芝多糖、含蛋白质的多糖等，免疫抑制剂有环孢素 A、西罗莫司等。在水产养殖中，微生物多糖是被广泛研究和应用的免疫增强剂。

2. 非特异性免疫治疗剂

（1）抗毒素：将类毒素多次注射进实验动物体内，待其产生大量特异性抗体后采血，分离血清，浓缩纯化后的制品即为抗毒素。常用的有肉毒抗毒素、白喉精致抗毒素等，主要用于细菌外毒素引起的疾病。

（2）抗病毒血清：取免疫过的动物的血清制成的产品称为抗病毒血清。如抗狂犬病毒血清、抗乙型脑膜炎病毒血清等，主要用于某些病毒感染的早期或潜伏期。

（3）免疫球蛋白制品：主要指血浆丙种球蛋白、胎盘球蛋白、单克隆抗体、免疫核糖核酸等。

二、微生物生产的酶抑制剂

一切生物生命活动的过程实质都是由酶催化的生物化学反应过程。一旦某种酶的基因表达或其催化活性发生变化，机体无疑就会显现出某种病变症状。利用微生物生产各种酶抑制剂来调整酶的表达量或酶的活性即可治疗某些疾病。

（一）与蛋白质代谢相关的酶抑制剂

包括：①内肽酶抑制剂，如由玫瑰链霉菌生产的以纤维蛋白酶为靶酶的亮肽素以及由蜡状芽孢杆菌生产的以硫醇蛋白酶为靶酶的硫醇蛋白酶抑素；②外肽酶抑制剂，如由放线菌生产的以氨肽酶 B 为靶酶的 α-aminoacylarginines 等。

（二）与糖代谢相关的酶抑制剂

如由灰孢链霉菌生产的以 α- 淀粉酶为靶酶的 haim Ⅰ 和 haim Ⅱ。

（三）与脂质代谢相关的酶抑制剂

如由柠檬酸青霉素生产的以 HMG-COA 还原酶为靶酶的 compactin 等。

（四）其他酶抑制剂

如由棍孢链霉菌生产的以蛋白激酶 C 为靶酶的棍孢素，等等。在临床上已有 8 种酶抑制剂用于治疗非淋巴性白血病、牙垢形成、高脂血症、糖尿病和成人 T 细胞白血病等。

三、微生物毒素的药物应用

许多细菌和真菌都可以产生毒素。微生物毒素同样是人类的重要医药宝库，尤其是寻找新药的资源库。这些毒素可有以下几方面作用：

可直接用作药物。如肉毒毒素可用于治疗重症肌无力和功能性失明的眼睑及内斜视，还可用作美容品；利用白喉毒素的 A 链与多种癌症细胞抗体连接，研制出了导向抗癌药物。

以微生物毒素为模板，改造和设计抗病抗癌和治疗的新药。

作为外毒素菌苗使用。大多数外毒素是蛋白质，注射进入人体和动物体后能产生相应的抗体，这些抗体可与毒素有效结合，干扰毒素与其靶细胞的结合，抑制其转运。如肉毒毒素、白喉类毒素、炭疽毒素、金黄色葡萄球菌毒素、破伤风毒素等。

作为超抗原（Sag）使用。许多微生物毒素本身就是超抗原，是多克隆有丝分裂原，激活淋巴细胞增殖的能力比植物凝集素高 10 ~ 100 倍，具有刺激频率高等特点，可用于治疗自身免疫性疾病。

从毒蘑菇毒素中寻找抗癌新药。毒蘑菇广泛生长于自然界，每年由于误食而死亡的人数众多。但毒蘑菇毒素已显示出有抗癌和延缓癌变进程的良好用途。

四、微生物保健制品

微生物保健制品的保健作用无疑应该肯定，但却并不是万能包治百病的。

（一）类型

根据微生物保健制品中微生物的利用状况，分为微生物产物制品和微生物菌体制品两大类。第一类主要是利用微生物产生的多糖、蛋白质、多肽、氨基酸和维生素等产物制成的产品，如猴头菇口服液、灵芝口服液、香菇口服液等。后一类制品含有活的菌体，如昂立1号、丽珠肠乐、整肠生等，也有死菌体制品，如冬虫夏草、灵芝孢子等，实际上也存在微生物的部分代谢产物。因此，在以活菌体为主的微生物保健制品中，存在着三类组分：一是微生物活菌体，二是微生物代谢产物，三是有助于活菌体存活的物质。微生物保健制品是否有效，主要依赖于制品的质量，即单位制剂中所含的活菌体数量及其生物活性，一般活菌体含量应在108个／ml（或g）以上。

保健食品的出现，是在人们解决了温饱问题后，对食品功能提出的新的需求，也是人们追求生命质量的体现。我国的保健食品是在２０世纪８０年代中后期迅速发展，并且日益形成了一个新兴产业。古代"药食同源"的理论实际上就是保健食品的观点。

（二）基本特征

一是安全性，对人体不产生任何急性、亚急性或慢性危害；二是功能性，对特定人群具有一定的调节作用，但与药品有严格的区分，其并不能治疗疾病，不能取代药物对病人的治疗作用。

五、中药发酵

中药发酵的目的主要是为了改变药物原有性能，产生新的治疗作用（如淡豆豉、豆黄），或增强原有疗效（如半夏曲），扩大用药品种。中药发酵技术的典型特点就是生物转化。生物转化是指运用生物工程方法，通过微生物、植物、动物细胞及其酶体系，将一种外源化合物转化成另一种结构上相关的化合物。其实质上是应用生物体内的酶体系，催化外源物质进行结构改造的有机化学反应。发酵法是生物转化法中的一种重要方法。生物转化法具有反应条件温和、高效、低毒、低残留等优点。利用微生物转化较之化学转化有以下优点：①反应定向，副反应少，产物较单一。因为微生物的酶不仅能识别特定基团的化学性质，而且可以识别基团的特定位置。②酶促反应条件温和。③利用微生物转化可能完成化学方法难以进行或不能进行的化学反应。生物转化一方面可以按照微生物中所含有的某种酶定向地转化某种药物向预先的方向发展，如已知某种微生物含有某种酶，而这种酶可使某种化合物的结构发生羟化或脱氢等反应，从而产生新的化合物。另一方面微生物也会形成各种多样的次生代谢产物，它们中有些本身就是功效良好的药物；或以中药中的有效成分为前体，经微生物的代谢可以形成新的化合物，或微生物的次生代谢产物和中药中的成分发生反应形成新的化合物。微生物次生代谢产物可以和中药的有效成分发生复方以及协同作用。微生物在中药的特殊环境中也有可能产生新的代谢反应，因为中药中的某些成分可能对微生物的生长和代谢有促进或抑制作用，从而改变微生物的代谢途径，进而形成新的成分。微生物的分解作用有可能将中药中的有毒物质进行分解，从而降低药物的毒副作用，如棉籽饼经微生物发酵后可以脱去有毒物质，从而可以用作牲畜饲料，也有可能经微生物的分解作用，使原来不易消化吸收的大分子物质经微生物的转化变成小分子后易于肠黏膜吸收，使血液中的有效成分迅速达到有效浓度。有些发酵用的微生物本身就是很好的药物，如双歧杆菌，它们本身就可产生对人体有保健作用的物质，再和某些药物作用后就会达到良好的治疗作用。微生物容易诱变，可以根据需要，运用现代生物技术对微生物进行改造，使之更适合中药发酵的需要。生物转化规律还可指导新药的结构修饰，从而获得高效长效的新药，例如从硝苯地平（又名心痛定，用于治疗高血压和防治心绞痛常用的一种二氢吡啶类钙拮抗剂）到氨氯地平（苯磺酸氨氯地平，世界处方量最大的高血压和心绞痛药物）的开发，就说明了生物转化研究与新药开发的重要关系。现代生物技术首先在微生物体中得到运用，也是基因工程等技术最成熟的领域。

六、基因工程与医药卫生

随着基因重组技术的面世，大量生产高纯度的诊疗蛋白质已成为可能。同样，重组人类蛋白可被用作机体的自身物质，用于合理的治疗而不致产生免疫排斥反应。

基因工程药品——胰岛素。胰岛素是治疗糖尿病的特效药。全世界有数百万人需要定期注射胰岛素来治疗糖尿病。原先临床上使用的胰岛素主要从猪、牛等家畜的胰腺中提取，每100kg胰腺只能提取4～5g胰岛素。用该方法生产的胰岛素产量低，价格昂贵，远不能满足社会需要。1979年，科学家将动物体内的胰岛素基因与大肠杆菌DNA分子重组，并在大肠杆菌内实现了表达。1982年，美国一家基因公司用基因工程方法生产的胰岛素投入市场，售价降低了30%～50%。

基因工程药品——干扰素。1957年，两位英国研究者发现，机体内产生的某些抗病毒物质可使细胞通过抵御病原菌侵袭而抗病毒。大多数脊椎动物能产生这种称为干扰素的抗病毒物质，许多动物病毒能诱导干扰素的体外合成并对干扰素敏感。干扰素是病毒侵入细胞后产生的一种糖蛋白，几乎能抵抗所有病毒引起的感染，是一种抗病毒的特效药。此外干扰素对治疗某些癌症和白血病也有一定疗效。传统的干扰素生产方法是从人血液中的白细胞内提取，每 300L 血液只能提取出 1mg 干扰素。1980 —1982 年，科学家用基因工程方法在大肠杆菌及酵母菌细胞内成功获得了干扰素，是传统生产量的 12 万倍。1987 年上述干扰素大量投放市场。现有两种方法获得干扰素：一是通过贴壁生长的人类二倍体纤维原细胞生产；二是通过基因工程的方法，将纤维原细胞的干扰素基因插入到质粒上，再转到细菌中表达，通过提取和纯化获得合成的干扰素。

基因工程药品——生长激素。治疗侏儒症的唯一方法是向人体注射生长激素，但生长激素的获得很困难。以前，要获得生长激素，需解剖尸体，从大脑的底部摘取垂体，然后再从中提取生长激素。现在可利用基因工程方法，将人的生长激素基因导入大肠杆菌中，使其生产生长激素。人们从 450L 大肠杆菌培养液中提取的生长激素，相当于 6 万具尸体的全部提取量。越来越多的证据表明，生长激素能促进人的肌肉形成，它已被一些运动员应用。定期使用这种生长激素也可改善老年人的生活质量，这将会成为一个巨大的潜在市场。

1977 年，美国首先采用大肠杆菌生产了人类第一个基因工程药物——人生长激素释放抑制激素，开辟了药物生产的新纪元。该激素可抑制生长激素、胰岛素和胰高血糖素的分泌，用来治疗肢端肥大症和急性胰腺炎。如果用常规方法生产该激素，50 万头羊的下丘脑才能生产 5mg，而用大肠杆菌生产，只需 9L 细菌发酵液，而且其价格降至每克 300 美元。

淋巴因子。淋巴因子是由淋巴细胞（机体免疫系统的一部分）产生的一类蛋白质，是免疫反应的关键因素。淋巴因子似乎具有增强或恢复免疫系统抵抗传染性疾病或癌症的能力。诸如白细胞介素 -2 之类的淋巴细胞因子具有很大的潜能，现正通过基因工程生产，将在市场中更易获得。

第七章　微生物发酵工艺应用

当今的发酵工业，是从以家庭为单位生产发酵食品的手工作坊演变而来的，已经有很长一段历史，但由于对发酵的本质长期缺乏认识，所以发展很慢。1857年，巴斯德用著名的曲颈瓶试验证明了发酵现象是由微生物引起的，并提出了著名的发酵理论，后来科学家们又进一步揭示了发酵的真相，把发酵过程中微生物的生命活动与酶化学结合起来。微生物纯培养技术的建立开创了人为控制微生物发酵进程的时代，从此，发酵工程技术经历了几次重大转折，不断发展和完善。进入21世纪，随着发酵技术的广泛应用，越来越多的产品可以通过生物发酵来进行生产。现代发酵工业产品已涵盖食品、医药、化学、能源、酶制剂、农业、环境保护以及冶金等很多领域，产品种类众多。

第一节　发酵与发酵工艺

英语"发酵"（fermentation）一词来源于拉丁语"发泡、翻涌"（fervere），描述的是酵母作用于果汁或麦芽浸出液出现气泡的现象，这种现象是由浸出液中的糖在缺氧条件下降解而产生的二氧化碳所引起的。近代微生物学家巴斯德（Pasteur）研究了酒精发酵的生理意义后认为：发酵是酵母在无氧条件下的呼吸过程，是生物获取能量的一种形式。也就是说，发酵是在厌氧条件下，糖在酵母菌等生物细胞的作用下进行分解代谢，向菌体提供能量，从而得到产物酒精和二氧化碳的过程。但后来发现柠檬酸、醋酸等有机酸的发酵需供给氧气，而且新的发酵产品不断涌现，如氨基酸、抗生素、核苷酸、酶制剂、单细胞蛋白等发酵产品，其中很多发酵产品与微生物的能量代谢没有直接关系。自此，人们对发酵的认识有了进一步深化。

一、发酵的定义和本质

1. 发酵的定义

狭义的发酵是指微生物在厌氧条件下，分解各种有机物，并产生能量的过程。或者更严格地说，发酵是以有机物同时作为电子受体和供体的氧化还原产能反应。例如，酵母菌的乙醇发酵过程，酵母菌分解糖分子并失去分子内的电子，而电子的最终受体为糖的分解产物乙醛，乙醛接受电子后被还原为乙醇，此过程为生物化学意义上典型的"发酵"。

从发酵工业的角度来看，广义的发酵是指利用微生物在有氧或无氧条件下的生命活动来生产目标产物的过程。它包括厌氧培养的生产过程，如酒精、丙酮丁醇、乳酸等，以及通气（有氧）培养的生产过程，如抗生素、氨基酸、酶制剂等的生产。产物既有细胞代谢产物，又包括菌体细胞和酶等。

目前，发酵的定义进一步扩展："在合适的条件下，利用生物细胞内特定的代谢途径转变外界底物，生成人类所需要的目标代谢产物或菌体的过程。"这种生物细胞主要是指微生物细胞以及基因工程菌，还包括动、植物细胞。

酿造与发酵。

"酿造"一词是由酿扩展而来，包括造酒和酒等含义，如现在所说的酿酒（作动词）、甜酒酿（作名词）等，其应用的范围不只在于酿造酒和酒本身。在我国，人们习惯把通过微生物纯种或混种作用后，不经过单一成分的分离提取和精制，获得成分复杂、有较高风味要求的食品生产称为酿造，如啤酒、葡萄酒、黄酒、白酒等酒类发酵及酱油、食醋、酱品、豆豉、腐乳、酸泡菜、酸奶等发酵食品的生产，均称为酿造。

"发酵"一词由酵字扩演而来，据《辞源》释义，酵指酵母菌，而酵母菌所起的作用称为发酵。可见发酵一词是随着微生物学的发展而出现的，是近代（即在人们认识了酵母菌及其作用之后）从西方引进过来的。从起源来看，酿造在前，发酵在后。近代研究证明，酿造实际是多种微生物的共同发酵，即酿造包含着许多发酵过程。因此，人们通常把经过微生物纯种作用后，再经分离提取和精制，获得的成分单纯、无风味要求的产品生产称为发酵，如有机溶剂、抗生素、有机酸、酶制剂、氨基酸、核苷酸、维生素、激素和生长素等发酵产品的生产，均称为发酵。

2. 发酵的本质

19世纪之前，人们对发酵的本质并不了解，此时，亚里士多德的"自然发生说"占据统治地位，认为：生命有机体可以从一些没有生命的东西中产生。

1680年，荷兰人列文虎克（A.Van Leeuwenhoek）发现微生物的存在，正式揭开了人类认识微生物世界的序幕，为认识发酵的本质奠定了基础。

19世纪中期，巴斯德的酒精发酵和著名的曲颈瓶试验否定了"自然发生说"，同时提出了发酵的基本原理："生命体只能由生命体产生；发酵是通过微生物的代谢活动而进行的化学变化（即发酵的生命理论）"；"不同种类的微生物可引起不同的发酵过程"。这些理论给发酵技术带来了巨大的影响。

1897年，德国的化学家毕希纳（Büchner）用磨碎的酵母细胞制成酵母液，并滤去细胞，加入蔗糖后，意外发现酵母提取液仍能发酵形成酒精，无细胞酵母菌压榨汁中有发酵能力的物质便是酒化酶（zymase）。这一试验有力地证明了酒精发酵过程是微生物产生的酶催化所发生的一系列生化反应，从而阐明了微生物发酵的化学本质；同时表明了存在于生物体内的酶的重要价值，为后来的发酵工艺研究和发酵机制的探讨奠定了坚实的基础。

二、发酵工艺及发酵工程

发酵工业生产是通过微生物群体的生长代谢来加工或制备产品，其对应的加工或制备工艺被称为"发酵工艺"。为了实现工业化生产，就要解决发酵工艺的工业化生产环境、设备和过程控制参数等工程学的问题，由此就有了"发酵工程"。发酵工程是利用微生物特定性状和功能，通过现代化工程技术生产有用物质或直接应用于工业化生产的技术体系，是将传统发酵与现代生物技术的 DNA 重组、细胞融合、分子修饰和改造等新技术结合并发展起来的发酵技术。由于主要利用的是微生物发酵过程来生产产品，因此也可称为微生物工程。

从工程学的角度把实现发酵工艺的发酵工业过程分为菌种、发酵和提炼三个阶段，这三个阶段都有各自的工程学问题，一般分别把它们称为工业发酵的上游工程、中游工程和下游工程。发酵工程的三个阶段都分别有它们各自的工艺、设备和过程控制原理，它们一起构成发酵工程原理，简称为发酵原理。

发酵工程技术和化学工程技术的最大区别在于：前者是利用生物体或生物体产生的酶进行的化学反应；而后者是利用非生物体进行的化学反应。因此，发酵工程是发酵原理与工程学的结合，是研究生物细胞（包括微生物、动植物细胞）参与的工艺过程原理和科学，是研究利用生物材料来生产有用物质，服务于人类的一门综合性科学技术。生物材料包括来自自然界的微生物、基因重组微生物以及各种来源的动植物细胞。因此，发酵工程是生物工程的主要基础和支柱。

第二节　发酵工程的发展史

人类利用微生物进行发酵生产已有数千年的历史，然而人们对发酵的认识却经历了一个漫长的过程。

一、自然发酵时期

据考古证实，公元前 4200—公元前 4000 年的龙山文化时期就有酒器出现，公元前 3500 年的商代，就开始用人畜的粪便、秸秆、杂草沤制堆肥。3000 年前，中国已有用长霉的豆腐治疗皮肤病的记载。孙思邈在《齐民要术》里记录了我国人民能用蘖（麦芽）制造饴糖，用散曲制酱、酿醋，利用微生物制泡菜、奶酒、干酪及豆腐乳等。

在国外，公元前 4000—公元前 3000 年，古埃及人已熟悉了酒、醋的酿造方法。约公元前 2000 年，古希腊人和古罗马人已会利用葡萄酿造葡萄酒。在巴黎卢浮宫保存的"蓝色纪念碑"上，记载着公元前 3 世纪古巴比伦居民利用谷物酿造某些品种的啤酒，大约有约 20 种不同啤酒，如用大麦芽酿造的含乳酸的酸啤酒。后来逐渐出现了用烘焙的"啤酒面包"酿造的黑啤酒，以及加入了红花和各种植物果实作为香料的啤酒。

从史前到 19 世纪末期，人们对微生物与发酵的关系了解并不多，只是在实践中应用微生物，利用自然接种方法进行发酵制品的生产，一代代地传授着这种发酵工艺。这一时期被称为自然发酵时期，主要产品有各种饮料酒、酒精、酱、酱油、食醋、干酪、泡菜和酵母等。当时还谈不上发酵工业，仅仅是家庭式或作坊式的手工业生产。多数产品为厌氧发酵，非纯种培养，凭经验传授技术和产品质量不稳定是这个阶段的特点。

二、纯培养技术的建立

1857 年，巴斯德发现了发酵是由微生物引起的，为后来的微生物纯培养奠定了基础。1872 年，英国的布雷菲尔德（Brefeld）用孢子法分离到纯种霉菌，建立了霉菌的分离与纯培养方法。1875 年，丹麦植物学家汉逊（Hansen）用纯化法分离出了啤酒酵母，建立了酵母菌纯培养技术。1881 年，德国医生柯赫（R.Koch）发明了固体培养基，第一次分离得到了微生物纯种，建立了单种微生物的分离和纯培养技术，柯赫因此被称为微生物纯培养技术的先驱。纯培养技术为有效控制不同类型微生物以及获取不同代谢产物奠定了基础，开创了人为控制微生物发酵进程的时代，对发酵工业的建立起到关键的作用。因此，微生物纯培养技术的建立是发酵工程发展史的第一个转折时期，从此，发酵由食品工业向非食品工业发展。

第一次世界大战中，由于战争的需要，德国需要大量用于制造炸药的硝化甘油，从而使甘油发酵工业化。英国制造无烟炸药需要大量的优质丙酮，促使魏茨曼（Weizmann）开拓了丙酮 - 丁醇发酵，这是第一个进行大规模工业生产的发酵过程，也是工业生产中首次大量采用纯培养技术而进行的真正意义上的单菌发酵。

这个时期生产的主要是厌氧发酵产品，包括甘油、乳酸、丙酮、丁醇等；另外，还有一些通过表面固体发酵生产少量的好氧产品，如酵母菌体、柠檬酸等。

三、通气搅拌液体深层发酵技术的建立

1929 年，英国细菌学家弗莱明（Fleming）发现了青霉素，并确认青霉素对伤口感染有很好的治疗效果。发酵工程发展的第三个时期始于青霉素的研究和发酵生产。

1941 年，美英两国合作对青霉素做了进一步的研究和开发。开始进行表面培养生产青霉素，采用大量的扁瓶或锥形瓶，内装湿麦麸培养基产出的青霉素效价低，耗时耗力，因此急需新的发酵生产线来生产青霉素。随后，工程技术人员将机械搅拌技术引入到带无菌通气装置的发酵罐中，该技术使好氧菌的发酵生产走上了大规模工业化生产途径，青霉素开始进行大规模的发酵生产。目前，采用通气搅拌液体深层培养，$100 \sim 200 m^3$ 发酵液可以产生的青霉素效价高达 5 万 ~ 7 万 U/mL。通气搅拌深层发酵技术的建立有力推动了抗生素工业乃至整个发酵工业的快速发展，是发酵工程发展史上的第二个转折时期。

通气搅拌深层发酵技术使有机酸、酶、维生素以及激素等需氧发酵产品都可以用发酵法大规模生产，也促进了甾体转化、微生物酶与氨基酸发酵工业的迅速发展。传统高分子都是用化学聚合方法进行的，近几年，人们开始采用深层发酵法生产功能高分子，特别是生物可降解高分子，如透明质酸、黄原胶等也已实现了发酵法生产。

四、代谢调控发酵技术的建立及发酵原料的转变

大多数的工业产品并不是微生物代谢的末端产物，而是微生物代谢的中间物质，要合成、积累这些物质，必须解除它们的代谢调控机制。代谢控制发酵概念的提出最早源于日本人在谷氨酸发酵上取得的成功。1956 年，日本首先成功地利用自然界存在的野生生理缺陷型菌株进行谷氨酸生产，这是以代谢调控为基础的新的发酵技术。

以 1956 年谷氨酸发酵技术的产业化为标志，发酵工业进入第三个转折期——代谢控制发酵时期，其核心内容为代谢控制技术，之后该技术得到了飞跃发展和广泛应用，并且取得了引人注目的成就。利用代谢控制发酵的基本理论，目前已成功地进行了大多数的氨基酸发酵法生产，同时完成了诸如肌苷酸（IMP）、干扰素等新型药物的开发生产。

目前，发酵企业广泛采用的补料分批发酵技术可以有效地减少发酵过程中培养基黏度升高引起的传质效率降低、降解物的阻遏和底物的反馈抑制现象，且已经能很好地控制代谢方向，延长产物合成期和增加代谢物的积累。所需营养物限量的补加，常用来控制营养缺陷型突变菌株，使代谢产物积累达到最大。氨基酸发酵中采用这种补料分批技术最普遍，实现了准确的代谢调控。

随着代谢控制发酵技术的广泛应用，发酵工业需要大量的粮食及农副产品作为发酵原料。20世纪60年代初期，为了解决这一问题，生物学家开始对发酵原料的多样化开发进行了研究，因此出现了利用烷烃、天然气、石油等进行发酵。如利用廉价的碳氢化合物为碳源不仅能够生产单细胞蛋白（Single Cell Protein，SCP），而且可发酵生产各种各样发酵产品。

五、基因工程的应用

发酵工业发展史中的第五阶段始于20世纪70年代微生物的体外遗传操作技术，通常称其为基因工程（或者DNA重组技术）。基因工程技术的诞生使发酵技术进入一个崭新的阶段，也使发酵工业发生了革命性变化。

采用"基因工程菌"能够生产自然界一般微生物不能合成的产物，如胰岛素、干扰素等，大大拓宽了发酵工业的范围。通过基因工程构建的新菌种可以提高代谢产物的产量或质量，例如，原来提取100g胰岛素大约需720g猪胰脏，且用基因工程菌发酵，仅用2000L培养液即可提取100g胰岛素。目前，许多国家已用计算机操作细菌生产胰岛素，产量更为可观。生长激素释放抑制因子是一种人脑激素，其能够抑制生长激素的不适宜分泌，通常用于治疗肢端肥大症。该激素最初是从羊脑中提取，50万个羊脑才能提取5mg，远远不能满足需要，而利用整合了生长激素释放抑制因子基因的工程菌进行发酵生产，仅7.5L培养液就能得到5mg的生长激素释放抑制因子，且价格只有原来的几百分之一。

20世纪80年代以来，一些发达国家的研究人员纷纷试验如何将大豆球蛋白基因导入大肠杆菌中，通过发酵工程培养，生产出大豆球蛋白，使大豆球蛋白产量倍增。若种植大豆获得大豆球蛋白，至少需要一个生长季，而应用发酵工程只需要3d时间就可以生产出大量的大豆球蛋白。

基因工程的引入是发酵工程发展史上第四个转折点。现代发酵工程以基因工程的诞生为标志，以微生物工程为核心内容，以数学、动力学、化工原理等为基础，通过计算机实现发酵过程自动化控制的研究，使发酵过程的工艺控制更为合理，相应的新工艺、新设备也层出不穷。

第三节 发酵工艺过程和关键技术

一、发酵工艺过程

发酵工业中，从原料到产品的生产过程非常复杂，包含了一系列相对独立的程序和相关的设备。一般来说，典型的发酵工艺过程如图7-1所示，具体可分为七个基本组成部分：①原料预处理及发酵生产所需的各种培养基的制备；②发酵设备和培养基的灭菌；③微生物菌种进行扩大培养，以一定比例将菌种接入发酵罐中；④无菌空气的制备；⑤发酵调控管理，提供最佳条件，使菌体生长和产物形成；⑥发酵产品的分离和纯化；⑦发酵废弃物的处理和资源化利用。

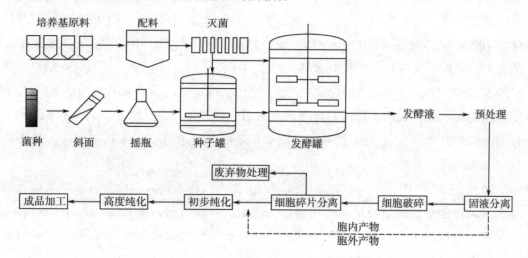

图7-1 典型发酵工艺过程示意图

二、发酵工艺中的关键技术

发酵工艺中的关键技术主要包括菌种选育、纯培养（灭菌）、发酵过程优化、发酵过程自动监测和控制、发酵过程放大以及分离纯化等技术。

微生物菌种是决定发酵产品的工业价值以及发酵工程成败的关键，只有具备良好的菌种基础，才能通过改进发酵工艺和设备以获得理想的发酵产品。纯培养是指只在单一种类存在的状态下所进行的生物培养，纯培养的方法要依靠灭菌和菌种分离。以获得高产量、高底物转化率和高生产强度相对统一为目标的发酵过程优化技术，是工业生物技术的核心和关键。近年来，发酵工业逐渐由劳动密集型向技术密集型转变，而影响这一进程的关键因素之一是发酵过程最优化控制技术，特别是发酵过程在线连续监测控制技术。生物过程的放大是发酵工程中的重要研究内容，研究不同规模生物反应器中的培养过程特性，通过对培养过程进行放大，在稳定、可控的大规模培养过程中实现高产目标。发酵产物的分离提纯是获得商业产品的关键环节，也是拥有市场竞争力的重要保证。

第四节　微生物发酵工程对食品营养及保健功能的影响

一、常见微生物发酵食品种类的营养和保健功效

（一）发酵面制品

将微生物发酵技术应用于面制品已经非常普遍。酵母菌可以在一定程度上促进面制品的发酵，生产出的食品不仅能够改善食品的口感，而且人体能对食品中的营养成分进行有效的吸收。面包、馒头等面制品有一定的保健作用，利用糙米发酵制作的馒头在一定程度上可以减缓肥胖症以及糖尿病。通过微生物发酵的食品可以降低食品中的碳水化合物和糖分的含量，加入藻类可以促进人体的血液循环，对肝脏等部位进行保护，有益于人体健康。

（二）发酵豆制品

大豆经过微生物处理后，可以对食品进行调味，还可以制成豆腐以及豆干等食品。通过微生物发酵技术制作豆制品的过程较为简单，即利用蛋白酶对蛋白质进行水解，降低本身的硬度。发酵后的豆制品不仅保留了其本身的营养成分，更有利于人们对其营养进行吸收，豆制品可以有效补充人体中的蛋白质，减少人体对油脂的摄取，而且通过微生物发酵后大都会成为核黄素类物质，对人体的记忆力有很大的帮助。

（三）发酵乳制品

乳制品的发酵通常是以牛奶为基础的原料，运用微生物发酵技术对牛奶进行适当的加工，使得发酵的乳制品满足人们的需求，充分将乳制品的营养及保健作用发挥出来。相对来说，乳制品在没有进行生产加工之前，在口感方面相对欠缺，加之储存的时间较短，容易在炎热的天气下出现变质，造成了食品的浪费。通过对微生物发酵技术的应用，乳制品的适用性得到了很大的提升，不仅口味更加鲜美，而且更易于对乳制品进行保存，保证乳制品的营养成分不流失。其实，酸奶也是微生物发酵的一种食品，酸奶较之乳制品含有丰富的益生菌，一方面可以促进人体肠道的循环；另一方面

也可以加强人体对其营养物质的吸收与保健能力，减少有害物质的出现，有效延长乳制品的储存时间。酸奶还能促进人体的消化，提升人体自身的免疫力。

（四）发酵调味品

日常生活中的美味都是通过调味品进行调制的，调味品在饮食中占据着重要的地位。而人们经常使用的酱油和醋也是利用发酵得来的，其可以有效提升口感。调味品的生产可以使人们的味觉得到一定的满足，调味品对人体有益的成分进行保留。譬如利用大豆进行酱油的生产，保留其中的黄酮成分，利用大米来酿造人们所食用的醋，其中也有膳食纤维的成分存在，通过微生物发酵制作的腐乳、黄酱等调味品可以使人们的饮食变得更丰富，口感更佳，并且还有抗衰老的功能，将美味与营养有效地结合在一起。

（五）发酵茶制品

茶文化在我国也有悠久的历史，现如今，发酵茶制品对我国的茶文化发展具有重要的意义。发酵茶中最具代表性的就是普洱茶与红茶。普洱茶是通过大叶茶发酵而成，在发酵的过程中，对茶多酚的结构产生了一定的变化，故而形成了新的化合物，这种化合物的形成能够对茶中的有益成分进行巩固，从而提升了对人体的保健功能。相关研究表明，发酵茶可以抑制艾滋病的发展，对艾滋病能够进行有效的控制。而红茶可以对心脑血管疾病进行有效的预防，可消除水肿，并有通便的作用，能让更多的人群受益，发酵茶制品具有较高的营养价值与保健功能。

（六）发酵肉制品

通过微生物发酵的肉制品，在一定程度上会色泽鲜艳，并且很容易对其进行保存，发酵的肉制品风味独特，深受人们喜爱。在我国部分地区，香肠及腊肉都是最常见的肉制品，它们都是通过微生物发酵后所制成的，不仅易于储存，还保留了肉质自身的营养成分。在微生物的发酵过程中会产生大量的酶，可对肉中的蛋白质成分进行分解，有效提高谷氨酸等氨基酸的含量，增加了发酵后生产肉制品的营养成分。对肉制品中的水分进行有效的蒸发，减少微生物中的有害成分，延长肉制品的储存时间。通过微生物发酵的肉制品在分解完水分之后很容易被人体吸收，微生物发酵中亚硝酸盐含量较少，降低了其对人体的危害，很好地保留了肉制品中的营养价值。

（七）微生物多糖

微生物发酵中也会出现一些新的产物，微生物多糖就是通过微生物发酵而代谢的产物。微生物多糖一般是作为稳定剂与增稠剂在食品的生产与加工中使用。目前，工业化形式的微生物多糖种类很多，其中猴头菇多糖以及香菇多糖被人们广泛地应用，以增强人体的抗病毒能力。通过对微生物多糖的应用，可以在一定程度上提高细胞的免疫功能，有效预防潜在疾病。

二、微生物发酵工程未来在食品中的前景

（一）微生物发酵工程促进食品行业发展

微生物发酵工程的发展在食品生产加工中有着广泛的应用，其发展前景非常广阔。但是随着社会物质水平的提高，人们对于饮食的要求越来越高。现如今，人们对食品不仅要求有较高的营养价值，还要有一定的保健功能。通过对微生物发酵技术的应用，可以保障食品在生产加工过程中的安全卫生。在一定程度上满足人们对食品的要求，向定制化方向发展，丰富食物的口感。

现阶段，科技的迅速发展带动了微生物发酵工程的发展，使得微生物发酵技术得到了广泛的应用。通过传统的微生物发酵技术与科学理论基础，为后续的微生物发酵工程奠定了基础。随着科技的不断创新，使得微生物发酵技术越来越成熟，对传统的发酵技术进行创新，可以有效地对食品的营养与保健功能进行保障，微生物发酵技术随着社会的发展在稳定向前。基于人们对食品的安全与保健功能的重视，使得微生物发酵工程在市场中奠定了坚实的基础。

（二）微生物发酵工程需要在监管下运行

在微生物的发酵工程中，要对微生物发酵过程进行有效的监管，若对微生物发酵技术应用不当，不仅会使食品的营养价值有所下滑，有可能还会对人体带来伤害。所以，在微生物发酵工程中要加强监管力度，相应的食品监管部门要对微生物发酵食品进行严格的检查，将食品中微生物的含量严格控制在人体所能接受的范围之内，以保证人体的健康。对微生物发酵的种类也应进行严格的把控与检测，要求检测结果符合国家食品安全的标准，以免出现食品安全问题。

微生物发酵技术随着社会的发展在不断更新。在日常生活中，通过对微生物发酵技术的应用，在豆制品、乳制品、肉制品等多个领域进行发展，提升食品的营养价值与保健功能，这在一定程度上满足了人们高质量的生活。在食品监管部门的监督下进行微生物发酵工程，严格把控微生物发酵食品的质量，为人们的身体健康提供了保障，加大微生物发酵技术在食品生产加工中的应用，为人们的健康作出贡献。

参考文献

[1] 池肇春，段钟平.肠道微生物与消化系统疾病 [M].上海：上海科学技术出版社，2020.

[2] 付玉荣，张玉妥.临床微生物学检验技术实验指导 [M].武汉：华中科技大学出版社，2021.

[3] 高冬梅.微生物的秘密 [M].青岛：中国海洋大学出版社，2015.

[4] 高娃.病原微生物学与寄生虫学 [M].赤峰：内蒙古科学技术出版社，2018.

[5] 关春蕾，王新燕.神奇的微生物 [M].北京：中国纺织出版社，2019.

[6] 何培新.高级微生物学 [M].北京：中国轻工业出版社，2017.

[7] 贾洪锋.食品微生物 [M].重庆：重庆大学出版社，2015.

[8] 李晓楼.微生物及其酿酒应用研究 [M].天津：天津科学技术出版社，2018.

[9] 李兆龙.微生物与人类健康 [M].福州：福建科学技术出版社，2021.

[10] 李仲娟，胡芳，王小琴.微生物与免疫学实验 [M].长沙：湖南科学技术出版社，2019.

[11] 廖勤丰.兽医微生物及免疫 [M].重庆：重庆大学出版社，2020.

[12] 孟令波.应用微生物学原理与技术 [M].重庆：重庆大学出版社，2021.

[13] 欧阳敏，陈道印.淡水鱼类微生物疾病临床症状辨识 [M].南昌：江西科学技术出版社，2021.

[14] 宋金秋，向双云.动物微生物与免疫 [M].重庆：重庆大学出版社，2017.

[15] 孙卫斌.简明口腔微生物学 [M].南京：东南大学出版社，2017.

[16] 王秀菊，王立国.环境工程微生物学实验 [M].青岛：中国海洋大学出版社，2019.

[17] 许晖，王娣，曹珂珂.新编食品微生物学 [M].北京：中国纺织出版社，2021.

[18] 郑苗苗，孟令波.应用微生物学 [M].重庆：重庆大学出版社，2021.

[19] 朱军莉.食品安全微生物检验技术 [M].杭州：浙江工商大学出版社，2019.